农村书屋
NONGCUN SHUWU XILIE 系列

黑豚

高效养殖技术

一本通

■ 潘红平　林仁恭　主编
■ 黄艳群　副主编

U0194450

化学工业出版社

·北京·

本书系统地介绍了黑豚的生物学特性、经济用途、饲养管理、疾病防治技术，可帮助广大专业户和养殖技术人员更好地掌握黑豚养殖实用技术。全书内容全面，知识系统，实用性强，通俗易懂，适合作为黑豚养殖户、豚场饲养管理人员及农业院校相关专业师生或培训班的参考书。

图书在版编目（CIP）数据

黑豚高效养殖技术一本通/潘红平，林仁恭主编.
北京：化学工业出版社，2013.1（2024.7重印）
（农村书屋系列）
ISBN 978-7-122-15686-0

Ⅰ.①黑…　Ⅱ.①潘…②林…　Ⅲ.①豚鼠-饲养管理
Ⅳ.①S865.1

中国版本图书馆 CIP 数据核字（2012）第 250180 号

责任编辑：邵桂林　　　　　　　　文字编辑：王新辉
责任校对：宋　夏　　　　　　　　装帧设计：关　飞

出版发行：化学工业出版社
　　　　　（北京市东城区青年湖南街 13 号　邮政编码 100011）
印　　装：北京虎彩文化传播有限公司
850mm×1168mm　1/32　印张 5½　字数 105 千字
2024 年 7 月北京第 1 版第 12 次印刷

购书咨询：010-64518888
售后服务：010-64518899
网　　址：http://www.cip.com.cn
凡购买本书，如有缺损质量问题，本社销售中心负责调换。

定　　价：25.00 元　　　　　　　　版权所有　违者必究

《黑豚高效养殖技术一本通》编写人员名单

主　　编　潘红平　林仁恭

副 主 编　黄艳群

编写人员　（按姓名笔画排序）

　　　　　杨明柳（广西大学）

　　　　　张月云（广西药用植物园）

　　　　　林仁恭（广西南宁市科技局）

　　　　　唐灵雪（广西大学）

　　　　　黄正团（广西中医学院）

　　　　　黄艳群（广西南宁市科技局）

　　　　　梁树华（广西南宁邦尔克生物技术有限

　　　　　　　　　责任公司）

　　　　　潘红平（广西大学）

出版者的话

党的十七大报告明确指出："解决好农业、农村、农民问题，事关全面建设小康社会大局，必须始终作为全党工作的重中之重。"十七大的成功召开，为新农村发展绘就了宏伟蓝图，并提出了建设社会主义新农村的重大历史任务。

建设一个经济繁荣、社会稳定、文明富裕的社会主义新农村，要靠改革开放，要靠党的方针政策。同时，也取决于科学技术的进步和科技成果的广泛运用，并取决于劳动者全员素质的提高。多年的实践表明，要进一步发展农村经济建设，提高农业生产力水平，使农民脱贫致富奔小康，必须走依靠科技进步之路，从传统农业开发、生产和经营模式向现代高科技农业开发、生产和经营模式转化，逐步实现农业科技革命。

化学工业出版社长期以来致力于农业科技图书的出版工作。为积极响应和贯彻党的十七大的发展战略、进一步落实新农村建设的方针政策，化学工业出版社邀请我国农业战线上的众多知名专家、一线技术人员精心打造了大型服务"三农"系列图书——《农村书屋系列》。

《农村书屋系列》的特色之一——范围广，涉及100多个子项目。以介绍畜禽高效养殖技术、特种经济动物高效养殖技术、兽医技术、水产养殖技术、经济作物栽培、蔬菜栽培、农资生产与利用、农村能源利用、农村老百姓健康等符合农村经济及社会生活发展趋势的题材为主要内容。

《农村书屋系列》的特色之二——技术性强，读者基础宽。以突出强调实用性为特色，以传播农村致富技术为主要目标，直接面向农村、农业基层，以农业基层技术人员、农村专业种养殖户为主要读者对象。本着让农民买得起、看得会、用得上的原则，使广大读者能够从中受益，进而成为广大农业技术人员的好帮手。

《农村书屋系列》的特色之三——编著人员阵容强大。数百位编著人员不仅有来自农业院校的知名专家、教授，更多的是来自在农业基层实践、锻炼多年的一线技术人员，他们均具有丰富的知识和经验，从而保证了本系列图书的内容能够紧紧贴近农业、农村、农民的实际。

科学技术是第一生产力。我们推出《农村书屋系列》一方面是为了更好地服务农业和广大农业技术人员、为建设社会主义新农村尽一点绵薄之力，另一方面也希望它能够为广大一线农业技术人员提供一个广阔的便捷的传播农业科技知识的平台，为充实和发展《农村书屋系列》提供帮助和指点，使之以更丰富的内容回馈农业事业的发展。

谨向所有关心和热爱农业事业，为农业事业的发展殚精竭虑的人们致以崇高的敬意！衷心祝愿我国的农业事业的发展根深叶茂，欣欣向荣！

化学工业出版社

前　言

　　黑豚是一种全身黑，集野味、食用、滋补、药用、皮毛、观赏为一体的小型食草节粮型小型动物，繁殖力极强，具有很高的实用价值。由于豚鼠的肉质味美，作为特种养殖新秀中绿色的"黑色食品"，正在我国悄然崛起。黑豚的美味自古有"天上的斑鸠、地上的豚狸"为证。它肉质细嫩，滋味鲜美，无腥臊味，营养丰富，是老、幼、妇、病、弱者皆宜的滋补之物，是高蛋白、高钙、低脂肪、低胆固醇的天然绿色的黑色食品。所含铁元素是甲鱼的2倍，还富含有益微量元素锌、硒，具有降血脂、抗肿瘤、壮肾阳、抗衰老和润肤美容等功效。黑豚肉味甘、性平，有益气补血、解毒之功效，用以治疗身体虚弱、年老肾亏、产后贫血等症。其所含的黑色素能消除人体自由基防止脂质过剩，从而起到延缓衰老的作用。

　　我国黑豚人工养殖尚处于起步阶段，随着我国人口的不断增加，人均占有耕地面积不断缩小，而导致粮食紧缺的现实日趋严重，人、畜争粮的矛盾日趋尖锐，而黑豚是草食动物，肉质鲜美，与果子狸不相上下，为绿色食品，市场需求量在不断上升。

　　为帮助广大农户更好地掌握黑豚养殖实用技术，根据多年的科研体会和教学经验，并参考大量资料，编写了本书。书中系统地介绍了黑豚的生物学特性、经济用途、饲养管理、疾病的防治技术。本书内容全面，知识系统，实用性强，文字通俗易懂，适合用作黑豚养殖户、豚场饲养管理人员及农业学校或培训班的参考书。

由于本书编写时间仓促，加上笔者水平有限，难免会有不足之处，热情希望广大读者提出更好的见解和宝贵的建议。

编者

2012 年 10 月

目　录

第一章 概　述

第一节　概况

　　黑豚，又名豚狸、荷兰猪、荷兰鼠、天竺鼠、豚鼠。为哺乳纲、啮齿目、豚鼠科、豚鼠属动物，因其全身黑色故而叫黑豚。黑豚是一种繁殖力极强的节粮型小型食草动物。黑豚原产于南美洲秘鲁、巴西、圭亚那、巴拉圭、哥伦比亚等地，已有3000多年历史。18世纪以来被世界各国广泛用作医学实验动物，具有很高的实用价值，由于豚鼠的肉质味美，许多国家把豚鼠作为一种主要肉食。

　　中华黑豚体型小，全身黑毛、黑眼睛、黑嘴巴、黑脚，无尾巴，耳朵及四肢短小。性情非常温和，喜欢群居，胆小、怕惊、怕干扰，听觉敏锐。不善跳跃，一般不咬人，也不抓人，抓上手后，不再发出叫声。唯一的反抗就是"逃跑"。黑豚的耳朵及四肢短小，不善跳跃，也不能攀登，只要舍池或是笼台高40厘米，它就不会爬出来。在安静的情况下，若是有突然的响声或是其他动物进入就会引起黑豚的不安和惊恐，便会一起发出"咕噜"的警戒声并立即躲起来。

　　黑豚是一种集野味、食用、滋补、药用、皮毛、观赏为一体的小型食草动物。作为特种养殖新秀中绿色的"黑色食品"，正在我国悄然崛起，特别是在南方，广西、浙江、广东、江西、福建、湖南、云南等地区养殖发展较快，有的已经形成规模养殖基地，形成产业。现在越来越多的人加入到养殖黑豚的行列中来。

我国畜牧专家历经5年选育成功的瘦肉型黑豚，经济价值甚高。它肉质细嫩，滋味鲜美，无腥臊味，营养丰富，是老、幼、妇、病弱者皆宜的滋补之物，是高蛋白、高钙、低脂肪、低胆固醇的天然绿色的黑色食品。其所含铁元素是甲鱼的2倍，还富含有益微量元素锌、硒，具有降血脂、抗肿瘤、壮肾阳、抗衰老和润肤美容等功效。

豚鼠在很早以前就是人们饲养的宠物。豚鼠的颜色有很多种，白、黑、棕、黄、灰以及多种颜色混于一身。在生产中，饲养的豚鼠全部为黑色的，养殖一段时间后，若不进行杂交，部分后代颜色也会发生变化。黑豚具有易饲养、好管理、抗病力强、无瘟疫威胁、成本低、效益高等特点。

第二节　黑豚的经济价值

一、黑豚的食用价值

现代科学研究证明，黑豚肉属高蛋白、低脂肪、低胆固醇食品，具有浓厚的野味特色。由于黑豚肌肉纤维极细，因而其肉质细嫩，味道鲜美，易消化吸收，没有兔子肉的腥臊味，不管是用来煲汤还是炒、炖、焖、烧烤等，味道都远远超过鸡、鸭、兔、鱼等动物；豚皮富含胶质，口感肥糯，胜过甲鱼裙边。

黑豚肉含有丰富的蛋白质，并富含 10 多种氨基酸和钙、磷、铁等多种微量元素，以及丰富的黑色素及抗癌元素锌和硒。其微量元素铁的含量是甲鱼的 2 倍。而胆固醇和饱和脂肪酸含量很低，是一种理想的营养、滋补保健食品，符合 21 世纪自然保健黑色食品的消费新潮；是分娩妇女和手术后的最佳滋补品，其滋补效果远远超过甲鱼和乌鸡。

现代科学研究证明，黑色食品不仅营养丰富，而且有清除人体内自由基、抗氧化、降血脂、抗肿瘤、助阳、抗衰老的特殊功能，对营养不良、贫血、失眠、食欲低下、疲劳等均有良好的调节作用。黑豚肉是一种具有"黑色食品"与"绿色食品"双重身份的理想天然滋补保健品，民间视为"强身珍品"，不但具有滋补、养颜、壮阳等功效，经常食用，还能有效地平衡体内所需的各种营养物质，促进体内正常分泌及代谢，增强免疫力。

黑豚的美味有俗话"天上的斑鸠、地上的豚狸"为证。黑豚还因其一身纯黑而享有黑色食品中的软钻石、软黄金之称。目前在广州、香港、北京、上海、南宁、成都市场一直是供不应求。现已经开发出"山庄龙凤豚汤"、"药膳黑豚滋补靓汤"、"清蒸黑豚"、"红烧黑豚"、"黑豚火锅"等 50 种黑豚美食菜谱，以及豚血酒、豚睾酒、黑豚酒等，深受顾客欢迎。除此以外，黑豚还可以制作成豚肉罐头、黑豚豆豉酱。以黑豚为原材料制成的黑豚豆豉酱，是一种很好的调味料，得到一致好评，供不应求。随着人们物质生活水平的提高，黑豚的国内市场前景越来越广阔，已被视为我国特种养殖一个新的经济增长点。

二、黑豚的药用价值

黑豚鼠肉味甘、性平，有益气补血、解毒之功效，用于治疗身体虚弱、年老肾亏、产后贫血等症。黑豚鼠的肉可生产治疗癫痫的药物，黑豚睾丸、胆是制药工业原料；豚血可提取药物原料血清素，广泛用于生理、医药、免疫、繁殖和生物工程等实验中。黑豚全身黑色，黑色素含量极高，具有药食两用效果。黑豚对胃病、高血压、冠心病等有较明显的食疗作用，我国传统中医认为：黑色补肾，肾为先天之本、生命之源，指出黑色品可以固本扶正、润肤美容、强壮身体、延年益寿。所含的黑色素能消除人体自由基防止脂质过剩，从而起到延缓衰老的作用。此外，锌、硒等具有抗癌作用。另外，黑豚血和黑豚睾丸可通过生物工程生产药用原料。

三、其他经济价值

黑豚皮是一种珍贵的皮毛。它的毛乌黑发亮，其亮度可与水貂媲美，毛长 2～3 厘米，较狐狸皮毛短，符合现代服饰消费新潮，皮板薄而软，富含胶质，可用于生产高档皮大衣和工艺饰品，利用豚皮柔软、天然和色彩丰富（现已选育出黑色、黄色、褐色、灰色 4 种颜色的纯种豚）的特点，可制作成各种颜色的高档皮服和工艺饰品，具有很高的经济价值和利用价值。

黑豚鼠性情温和，易养易管，活泼可爱，受到人们，尤其小朋友的喜爱，可作为宠物饲养。此外，黑豚粪尿是优质的有机肥，一只成年黑豚年积肥料 35～40 千克。黑豚粪中氮、磷、钾三要素的含量都远远高于其他畜禽粪。据测算，100 千克黑豚粪相当于 10.92 千克硫酸铵、1.97 千克硫酸钾的肥效，而且黑豚粪能改善土壤结构，增加有机质，提高土壤肥力。在四川省成都市凤凰山的黄泥（酸性）土壤中试验表明，施用黑豚粪的黄泥土壤有机质提高42.3%，含氮量提高 43.86%，使土质、土壤结构得到明显改善。

第三节 人工养殖黑豚的现状及发展前景

一、我国人工养殖黑豚的回顾

1989 年初，浙江省武义宠物场从实验动物豚鼠中定向选育专供食用的黑色豚鼠。1992 年秋初，首批原种选育成功，并定名简称为黑豚；秋末，开始对黑豚进行纯化繁育及原种扩群繁殖。1997 年 5 月广西药用植物园承担了《药食两用黑豚养殖与加工研究》科研课题。2001 年 8 月 28 日通过广西区科技厅的科学技术成果鉴定。同年被科技部、中国农村技术开发中心、中国农业科技报杂志社列为全国农业科技成果重点推广项目；随后又被浙江省列为重点"金桥工程"项目，被广西列为"星火计划"项目。此后全国许多养殖场家发展黑豚养殖，黑豚养殖项目开始被各地陆续接受。

二、我国人工养殖黑豚的现状

黑豚养殖是我国人工养殖尚处于起步阶段的特色新项

目，可借鉴的养殖技术资料甚少。很多国家，如日本、韩国等国家都选用黑豚作为实验动物。我国养豚历史较短，数量较少，目前进入市场流通的黑豚产品量不是很大，这是我国养豚业发展缓慢的重要原因。进入 20 世纪 90 年代末以后，国内对黑豚产品需求日益迫切，大大刺激了我国养豚业的发展，使养豚业成为我国农村特别是贫困地区农民发家致富、振兴农村经济的一项重要副业。近几年来在养殖黑豚的实践过程中做了一些工作，如对中华黑豚的生活习性、生长发育的特点、笼舍设计、繁殖育种技术、饲养管理、疾病防治、经营方式等进行了一些摸索，但是产品研发水平不高，专利很少，面临的问题是繁殖率的提高和人工配合饲料的制作。

从发展状况看，目前的黑豚养殖业显得有些混乱，如种豚价格混乱，现在各地一公一母的种豚价格在 45～300 元不等，价格差异如此大的背后为一些倒种贩子利用我国特养机制尚不健全的空子，打着各种旗号的"炒种"行为，以高于商品市场价格 3 倍以上作为种源销售。而目前每只在 500 克左右的种豚正常价格为 50～75 元（一公一母）。一些地方的"炒种"行为已严重打击了养殖户的养殖积极性，也为黑豚养殖走大众化路子设置了许多障碍，使得目前一些老百姓一听到"黑豚项目"就认定是假的。另外，一些不负责的养殖户为大量供售种豚而将商品豚作为种豚出售，导致引种户回去造成豚的近亲繁殖，不但影响繁殖率及成活率，还影响经济效益。

目前我国的"中华黑豚"养殖处于起步阶段，广西、广东、浙江、湖南、江苏、山东等地在养殖。但多数地方的养殖都是以发展种源为主，肉用商品黑豚还不能满足市场需要。而大多养殖户仍以家庭散养为主，其养殖技术和疾病防治掌握不多，集约化生产程度低，商品供应不足；黑豚产品交易市场基本上处于自发和分散的起步阶段，生产领域尚未形成规模和龙头加工企业。

三、黑豚养殖的饲料现状

黑豚以草食为主，其饲料可分为天然牧草类饲料和人工配合饲料。天然牧草在广西以质优量多的皇竹草、黑麦草为主，其他牧草也可以，但经证实，只是饲喂单一牧草，皇竹草更能满足黑豚生长发育所需要的各种营养成分。若能饲喂不同的牧草，特别是不同科属的牧草更能满足其生长发育的营养需要。黑豚从断奶开始到500～600克的阶段，生长速度是最快的，这阶段能提供营养充足平衡的优质饲料满足黑豚的营养需要，是黑豚养殖整体效益的关键。

尽管我国黑豚养殖规模正不断扩大，但对其营养生理和配合饲料的研究起步比较晚，导致市场上至今鲜有生产出能满足其正常生长发育所需营养的配合饲料。尽管各地陆续有黑豚人工配合饲料研制成功的报道，可是真正可以制作成颗粒饲料并推广使用的配合饲料，目前市场上还没有，多数配方也是利用兔类或其他实验动物的饲料配方加以改进而成。饲料方面的因素在很大程度上制约了黑豚的养殖规模和快速发展。

传统模式黑豚养殖所用的饲料仍然是本地的天然皇竹草、庄稼的秸秆或者农副产品和其他草类。然而这些草的资源有限，容易受到污染，供应得不到保证，还需要耗费大量的劳动力和时间，黑豚在采食过程中也会造成很大的浪费，采收后的卫生清洁工作也比较麻烦，这种模式不利于增产创收。为减少劳动力，增强经济效益，研发黑豚人工配合饲料是进一步推动其健康养殖的当务之急。

四、黑豚的发展前景

黑豚是我国 12 部委公布明令准养的 54 种野生动物之一，不属于我国的野生保护动物，不需要办理任何许可证即可养殖和销售。中国黑豚的养殖与综合开发现已被全国农业新技术产品传播网专家委员会评审为中国农业新技术产品重点推荐项目，并申报列入省级星火计划项目，这些都为黑豚的大规模养殖和开发奠定了良好的社会基础。

几千年以前我国古代劳动人民就有食用豚肉的习惯，并将其作为高档野味菜肴选入中国名菜谱。现代科学研究证明，黑色食品不仅营养丰富，而且有消除人体内自由基、抗氧化、降血脂、抗肿瘤、助阳、抗衰老的特殊功能。

随着我国人口的不断增加，人均占有耕地面积不断缩小，粮食紧缺的现实日趋严重，人、畜争粮的矛盾日趋尖锐。为此，必须重视发展少用粮食或不用粮食的节粮型畜牧业，多发展草食动物养殖来缓冲人、畜争粮的矛盾，这是具有重要战略意义的养殖业转型工程。许多的野生动物都被禁止养殖和食用，但野生动物一直是人们追求的美味佳肴，而黑豚肉质鲜美，与果子狸不相上下，特别黑豚是草食动物，为绿色食品，市场需求量在不断上升。黑豚具有较高的营养价值、药用价值及食用价值，养殖黑豚既可有效保护野生动物，又能发展草食动物、增加收入和满足人们的需求，具有生态持续发展的深远意义。

黑豚是食草型动物，是典型的节粮型小家畜。饲粮以青粗饲料为主，适当搭配少量精料即可。与那些饲养成本高、技术难度大、见效周期长的养殖项目相比较，黑豚养殖具有明显的优势：黑豚饲料容易解决，疾病少，饲养管理也比较容易。它不与人争粮，不与粮争地，养黑豚是典型的节粮型养殖业。广大农村山草坡多，饲料资源十分丰富，养殖黑豚能有效地利用当地草类饲料，特别是种植高产牧草养殖黑豚，饲料容易解决。而广西更具有优势，甘蔗种植面广，甘蔗叶也很多，在甘蔗种植区可不需种植牧草即可解决黑豚的青饲料，还解决了当地甘蔗种植户处理蔗叶的烦恼。

黑豚的饲养管理也比较容易，没有瘟疫，不像养殖鸡、兔子、鸭等动物一旦发生瘟疫，则损失惨重。若管理得好，卫生及疾病预防做得好，疾病也少，成活率在85％以上，老弱妇孺皆可饲养。饲养规模可大可小，饲养方式多种多样，不仅可以工厂化、集约化生产，也可以小规模饲养，更适合家庭养殖。养殖一只重量为750～1000克的商品黑豚，综合成本仅为8～10元。1人可养500～900对，100对黑豚需要的日精料与一头猪的日食量差不多，其他的均为自种草料饲料，若按批量销售，每千克黑豚售价为50元，年销1000只0.75千克的黑豚，销售毛利在37000多元，纯利在20000多元左右。发展黑豚养殖业，投资少，见效快，收益大，在短时间内使每个养殖户获得较大的经济效益，且能形成规模化养殖，是一种理想的家庭养殖业。

目前黑豚养殖还处于初级阶段，市场前景较好，市场需求量不断上升。目前商品肉豚内地每千克 60～70 元，沿海大城市每千克 80～90 元，产品供不应求。发展黑豚产业迎合 21 世纪世界黑色食品的消费潮流，养殖和综合开发黑豚的营养、药用价值，拉长农业产业链，做成产业化、规模化项目，形成公司＋基地＋加工厂＋合作社＋农户，集科研、养殖、加工、销售一条龙经营，将会取得巨大的经济效益和社会效益。商品黑豚的市场需求量越来越大，发展前景十分广阔。

第四节　对黑豚养殖及发展的建议

一、对黑豚养殖的一些建议

（一）先对行情进行调查再投资

黑豚作为特种养殖行业，其具有一定的风险，养殖的农户要想在养殖中获得较好的效益，必须在养殖前充分掌握养殖的理论基础，并多与具有养殖经验的养殖户进行交流及去黑豚养殖场进行参观，动手实际操作，然后对项目、引种、市场容量、销售渠道、产品要求等进行调查和分析，根据市场情况进行正确的决策。并根据自身的经济条件，正确地确定养殖规模，避免盲目投资带来的损失。对于初次养殖的朋友，建议先适量引入种豚养殖，待掌握了一定的养殖技术，再大量引入种豚也不晚，以确保养殖成功，将损失降至最低。

（二）切勿有快速致富的想法

很多人搞特种养殖都是受到爆炒种场（公司）的高价回收或是市场卖价高的诱惑，冲着高利润和快速致富而来的。其实特种养殖产品都具有特定的消费人群，除了人为的炒种时期，其产品价格和需求量都会受到市场规律的约束，一旦产品供大于求，而又没有综合加工体系支撑和独有的消费作保证，产品价格自然会下滑，进入合理的价格阶段。因此，搞特种养殖切不可有速富心理，应脚踏实地地干。

（三）自然环境要适宜

适宜的气候条件可最大限度地降低特种动物的饲养成本，提高动物的成活率；反之会引起其对气候的不适应，从而降低抗病力，造成各种疾病的发生，增大养殖风险。如黑豚和黑豚类，根据其习性，在南方养殖成活率高，成本小；而在北方养殖其生长慢，周期长，成本大，抗病能力低。但对一些经济效益好、利润高的项目，在不利于其生长的环境下可建造加温室，人为地提供适宜其生长的环境。

（四）选择优良品种

在选择优良品种时，应选用来源于科研单位、教学单位和经过国家验收认定的育种场。特别要防止引进社会上鱼目混珠的所谓良种，不能贪图便宜而引进劣种。目前，还有许多昨天刚挂牌，今天就卖种的厂家，特别是打着高价卖种高价回收的公司，应引起警惕。

（五）产品要有好销路

还未被市场认可，没有销路的养殖项目应慎进入；销售市场尚未形成，待开发的销售市场，销量有限的项目发展不必过快；季节性特别强的产品要按不同季节安排生产，规模要有计划地扩大。

二、对发展养殖黑豚的建议

（1）树立科学发展观，拉长农业产业链 全面推行循环经济生态农业的原则，即减量化、再利用、再循环、再思考。把目前的"资源→产品→废弃物"开放单线经济流程转变为"资源→产品→废弃物→再资源化"的闭环式经济流程。在生产和消费过程中，实现废弃物的减量化、资源化和无害化。

（2）抓好品种提纯复壮 通过黑豚 VCD 教学光碟，向黑豚养殖专业户迅速普及二次选育高产种群技术，大幅度提高农村黑豚养殖生产水平。

（3）采用人工生物链模式技术 在"甜玉米、甘蔗、牧草→黑豚→EM→地鳖虫→甜玉米、甘蔗、牧草"在这条闭环式的人工生物链中，上一个环节生产的废弃物是下一个环节生产的资源。物质流动不断循环，周而复始，一次投入，多次产出。

（4）发展全价人工配合饲料 目前的养殖规模受到牧草来源的制约。根据目前的研究，黑豚人工配合饲料的研究有一定的成效，但能真正应用于生产的饲料配方还没有。因此，应根据研究的优化饲料配方大力开发适用于黑豚的人工配合饲料，以促进黑豚养殖业的健康持续发展。

（5）优化资源配置，生产、深加工一体化　通过在农村创办专业合作社，抓好黑豚产品流通和深加工，有效解决卖黑豚难的问题。市场定位多元化开发黑豚深加工产品，用科技含量高的黑豚深加工产品一次性占领市场。如面向超市生产黑豚冷鲜小包装食品；为烤鸭店、饭店提供黑豚烧烤制品；为旅游观光业提供黑豚精美小包装绿色安全食品；为礼品市场提供腊香豚；为青年人和老年人提供美容、抗衰老黑豚药膳等。同时，加大黑豚系列产品研制开发力度，创造黑豚消费新市场，进一步把黑豚产业做大。

第二章 黑豚的生物学特性

第一节 黑豚的形态特征

一、黑豚的外部特征

黑豚是从豚鼠科、豚鼠属中选育提纯出来的一种纯黑色毛优良品种。黑豚体型短粗，身圆；全身皮毛短而密、柔软、纯黑发亮，黑头，黑眼睛，黑嘴巴，黑脚，黑耳朵，黑鼻子，每年春秋周期性换毛。无尾巴。四足较短且小，前足4趾，后足3趾，各趾具蹄状爪，趾上的爪短而锐利，不能登高，后足长于前足。后足一般长8~9厘米，每个足上有短小而尖的爪，一般前爪1.6厘米，后爪1.3厘米（图2-1）。

黑豚头部为圆形。颈部短，可自由活动，躯干能自由屈伸。嘴长于头的前部，四周有肉质唇，唇动作灵活，利于摄取食物；嘴两边长有须，成层排列，前排短，后排长，须长0.5~4厘米，须有触角作用。嘴的上方有1对鼻孔，鼻腔宽长，鼻腔黏膜上分布着嗅觉细胞，能嗅出食物及空气的味道。头上长有2只大黑眼睛，上下眼睑边缘有细长的睫毛。耳朵短小，长1.5厘米，宽3厘米左右，耳中间向内凹成"3"字形；雌性奶头在腹部后端两边各1个，雌、雄生殖器均近肛门；成豚体长30~40厘米，

图 2-1　成年黑豚

体重一般在 1000 克左右；雄豚比雌豚体长，被毛长 1.5～3 厘米，3 月龄黑豚体重 500 克左右，幼豚初生体重 75～95 克，体长 12～15 厘米。

二、黑豚的系统构造

（一）牙

门齿与臼齿间缝隙较宽，齿式为门齿 1/1，犬齿 0/0，前臼齿 1/1，臼齿 4/4，总数为 20 个，臼齿非常发达。门齿锐利，可终身生长。

（二）消化系统

黑豚为单胃食草动物，其胃容积较大，约为消化道容积的 30%，一次可采食较多的饲料，肠管较长，约为其体长的 10 倍。在肠道中，盲肠较发达，约为消化道容积的 45％，其长度与体长相当，粗纤维的消化主要在盲肠中进行。

由于黑豚盲肠纤维分解酶的活性低，对粗纤维消化能力不是很高，消化率在 30％左右；但淀粉酶的活性较高，促进日粮淀粉、糖产生能量的能力较强，若投喂的日粮含淀粉过多，在活性高淀粉酶的作用下，可产生能被细菌利用的底物，从而使细菌繁殖加快产生毒素，引起肠炎，使其发生拉稀现象。粗纤维对黑豚的消化过程起着重要的作用，粗纤维可保持消化物的稠度，有助于形成硬粪，并在正常的消化运转过程中起着物理性作用。

黑豚盲肠和其中的微生物均可产生蛋白酶，能有效地利用草料中的蛋白质，甚至对低质料草中的蛋白质也有较强的利用能力。虽然粗饲料的营养价值低，但纤维性饲料通过消化道的速度较快，在通过消化道过程中非纤维成分被消化吸收，从而弥补了粗饲料的低营养价值。

黑豚盲肠与回肠相接处的膨大部位有一厚壁圆囊，称为圆小囊，是一个淋巴球囊，能分泌碱性液体，具有防护作用，可中和盲肠中微生物发酵而产生的过量有机酸，维持盲肠中适宜的酸碱度，创造微生物适宜的生存环境，保证盲肠消化粗纤维过程的正常进行。由于圆小囊壁较厚，具有压榨作用，利于粗纤维的消化。

（三）生殖系统

1. 雄性生殖系统

雄性生殖系统主要由睾丸、附睾、精囊、输精管、副性腺和阴茎组成。

雄豚的两个睾丸位于骨盆腔的两侧，形状像鸟蛋。睾丸上有丰富的血管，睾丸产生的精子进入附睾，附睾是精子暂时贮藏的地方，它由许多弯曲回旋的细管组成，能分泌一种浓厚黏性的精子营养物质。紧接附睾的管子是输精管，输精管开口于尿道。此外，雄豚的精囊分为左右两个，形状像虫子一样，它连接输精管的末端，所分泌的液体有稀释精子和使精子更为活跃的作用。

睾丸是雄豚生殖系统的重要组成部分，其主要功能是产生精子和分泌雄性激素。从胎儿期起，一生中睾丸的位置经常变化。胎儿期和初生幼豚睾丸位于腹腔，附着于腹壁。随着年龄的增长，睾丸的位置下降，1月龄睾丸下降至腹股管内，此时睾丸尚小，从外部不易摸出，表面也未形成阴囊。大约1个半月龄以上的雄豚已有明显的阴囊。睾丸降入阴囊的时间一般在1个半月龄，成年雄豚的睾丸基本上在阴囊内。

阴茎呈圆锥形，在阴茎端有两个特殊的角形物。

2. 雌性生殖系统

雌豚的生殖器官主要由卵巢、输卵管、子宫、阴道、乳腺等组成。

雌豚的卵巢位于肾脏的末端，呈圆形，是生产卵子的器官，肉眼可见有滤泡。卵巢下接输卵管，输卵管前端有漏斗形口，开口朝着卵巢，输卵管的末端与左右子宫角相连。

雌豚的子宫由左右两个子宫角和子宫体构成。两个子宫角会合后形成子宫颈，开口于阴道。这种情况，在哺乳动物子宫分类上属于双子宫类型，是一种最原始的类型，不会发生像其他家畜那样，受精卵可以从一个子宫角向另一个子宫角移行的情况。

第二节　黑豚的生活习性

中华黑豚属哺乳类动物，由野生的豚狸驯化、培育而来。在人类驯化过程中，虽然改变了野生黑豚原有的许多属性，但还是保留了原有的许多生活习性。

一、栖息环境

由于黑豚自身调节体温的能力较差，其体温受外界温度变化的影响较大，因此，黑豚怕潮湿，喜欢在夏天凉爽、清洁、干燥而安静的环境中生活。在自然界中，黑豚的栖息范围很广，多在岩石地区、大草原及沼泽地带的森林或是边缘，最喜欢生活在深山丛林、大树、竹根下或是灌木丛中，以洞为居。

二、食性

中华黑豚为杂食性动物，和其他食草动物一样，喜欢素食，不喜欢食鱼粉等动物性饲料。喜食禾本科嫩草、蔬菜、树叶等，如黑麦草、皇竹草、玉米叶、茭白叶、巴茅草、节节草、芦叶、卷心菜叶、狗尾草、麦秧、苦荬菜、红薯藤、苜蓿、莴苣叶、西瓜皮、水果皮等各种野草和蔬菜。对某些有毒的植物还有较强的解毒能力。

黑豚还喜欢吃带甜味的饲料，如胡萝卜、甘薯、南瓜等，在黑豚的日粮中加入 2% 的糖类，可以改善黑豚的适口性并减少粉尘，但量不宜过多，添加的动物性饲料不可超过 3％，否则会影响黑豚的食欲，甚至拒绝取食。青饲料日食量 200～400 克；繁殖期宜提供玉米、豆渣、大米粉等精饲料，每日每只添喂 20 克左右即可。

三、采食性

豚鼠是严格的草食动物，喜食纤维素较多的禾本科嫩草或干饲草。在自然光照条件下，日夜采食，两餐之间有较长的休息期。饥饿时在很远的地方只要听到饲养人员的声音和脚步声，特别是拿饲料的声音时会发出"吱吱"的叫声，或整群一起尖叫。特别是在饥饿求食时，叫声更强烈。由于求食迫切，当饲养员开门入室时，有的黑豚已用后肢站起直立，前肢则双双合起上举求食，似向饲养员行礼，得食后，即乖乖停叫，静静地相互争食，吃饱后又连蹦带跳互相玩耍。豚鼠愉快时能发出"啾啾"类似鸟鸣的声音。豚鼠属于饮食不洁的动物，如果使用的食具不得当，豚鼠常在食物上边吃边排便或把食物扒散、将饮水喷出，饲喂新鲜牧草和把饲料拌湿后饲喂可不用另给饮水。

四、昼夜好动

自然界中的黑豚由于体小力弱，为了躲避天敌狼、狐、鹰等猛兽猛禽的袭击，常出来觅食一会儿又躲藏起来，饿时又提高警觉出来觅食，长期日夜反复。人工养殖下的黑豚白天多趴在窝内，眼半睁半闭做休息状，在傍晚后非常活跃，黑豚夜间采食量要比白天多。因此，人工养殖中应供给足量的食物，同时注意防止敌害。

五、性情温和、胆小、怕惊

中华黑豚性情较温驯，不咬人，也不抓人，与人为善，对任何侵扰都没有抗拒的性能，逃躲是它唯一的本性；不善攀登和跳跃。但黑豚胆小怕惊，对外界环境的变化非常敏感，在安静的情况下，突然遇有异常响声、震动、环境变化或鼠、禽畜、生人进入，都会引起骚动和惊慌（除经常饲喂的饲养员外），或竖耳静听，或惊慌失措四散奔逃，或转圈乱蹦乱窜，或呆滞不动，或发出很响的逃跑声以"通知"其伙伴。受惊吓的妊娠雌豚最容易流产；正在分娩的雌豚受惊吓会难产，有的会咬死初生豚仔；哺乳雌豚受惊吓拒绝给仔豚喂奶；正在采食的黑豚若受到惊吓往往停止采食。因此，平时在豚舍内操作动作应轻，不可大声说话，尽量不要让人群围观，更不要让狗、猫等动物进入黑豚场舍内，应保持黑豚舍环境安静，这是养好黑豚的重要因素之一。

六、喜群居

多数食草动物都具有群居性，是防御敌害的有效措施。黑豚也不例外，即使是现代人工养殖创造的箱养、池养或是笼养等很安全的环境，黑豚也改变不了祖辈养成的群居生活习性。

黑豚一雄多雌的群体构成明显的群居稳定性。成群活动、休息或集体采食、紧挨躺卧。幼鼠跟随成鼠追逐发情的雌鼠。群体中占支配地位的豚鼠会咬其他豚鼠的毛。在拥挤或应激情况下，也可发生群内 1 只或更多动物被其他个体咬毛，毛被咬断，呈斑状秃，而造成皮肤创伤和皮炎。如果放入新的雄鼠，雄鼠之间会发生激烈斗殴，导致严重咬伤。断奶后的幼仔及成豚喜欢在一起活动，连蹦带跳，非常活跃。

虽然仔豚喜欢群居，但是随着龄期的增大，群居性越来越差，特别是性成熟后的雄豚，在群养条件下经常发生咬斗现象。特别是在配种期，只要两只雄豚见面，似乎有不共戴天之仇，激烈战斗，咬得遍体鳞伤，直至分出高低。因此，仔豚需要面积宽一些的活动场地供其活动，繁殖期要加强管理，不可将成对的繁殖种豚单独饲养。否则，不但其生长发育受到影响，而且繁殖率也会明显降低。

七、喜啃硬物

黑豚属哺乳啮齿类动物，出生时就具有门齿中的第一对牙，即恒齿，具有终身生长的特点，如果得不到应有的摩擦，牙齿就会越来越长，直至刺伤齿龈，影响采食。为了保持牙齿适当的长度和牙面的吻合，黑豚必须通过啃咬硬物本能地将齿磨平，使上下颌齿面吻合，因此其具有啃咬硬物的习惯。为了避免造成笼具或其他设备的损坏，可采取一些预防措施，如在笼中投入带叶的树枝杆，或是粗硬的干草等硬物任其啃咬、磨牙，既可让黑豚补充营养，又有防止啃咬恶习的效果。在建造豚舍时，凡是黑豚能啃到的笼门的边缘等处，都要采取必要的加固措施。若是建池养殖则不需要预防措施。

八、喜干燥

一般家畜家禽都喜欢自己的栖息处清洁而干燥，黑豚也不例外。由于黑豚吃得多、拉得多，圈舍里因饮水、排粪排尿而不清洁和潮湿，虽然黑豚抵抗疾病的能力较强，但这样的环境容易滋生细菌，不利于黑豚的生长，也增加黑豚患病的概率。因此，应为黑豚创造清洁而干燥的生活环境。

九、怕热耐寒

中华黑豚为皮毛动物，自身调节体温的能力较差，它缺乏汗腺，很难通过出汗来调节体温，被毛浓密使体表热能不易散发，这就是黑豚怕热的主要原因。但被毛浓密，使黑豚具有较强的抗寒能力。不过，对仔豚或幼豚冬季则应注意保暖。在豚舍结构上或日常管理中，防暑比防寒更为重要。黑豚对温度的突然变化较为敏感，不适应温度的剧烈变化，如冬季突然变热，夏、秋季突然变凉，如不加以注意就会患感冒，引起肺炎死亡。冬季要注意防寒保温。对经常性搬运和扰动很不习惯，搬运、重新安置或长途运输可使豚鼠体重在24～48小时内明显下降，情况稳定后又很快恢复，应引起注意。适宜黑豚生长的温度为18～25℃。

十、嗅觉、味觉、听觉灵敏但视觉迟钝

中华黑豚的嗅觉非常发达，通过鼻子可分辨不同的气味，对周围各种刺激均有极高的反应，如对声响、臭味和气温突变、空气混浊等十分敏感，故在空气混浊、天气突变和寒冷环境中易发生肺炎，并引起流产，受惊时亦易流产。黑豚的眼睛对于光反应较差，常以嗅觉辨认异性和栖

黑豚高效养殖技术一本通

息领域，雌豚通过嗅觉来识别异窝仔豚。人工养殖中，由于需要将仔豚合并窝或是需寄养时，可在刚出生的仔豚身上涂少量的香水，使雌豚无法辨别异窝的仔豚，这样雌豚就会给异窝的仔豚喂奶，从而使并窝或寄养获得成功。

黑豚的舌头很灵敏，对于饲料味道的辨别力很强。黑豚爱吃具有甜味和草苦味的植物性饲料，不爱吃带有腥味的动物性饲料和具有不良气味（如发霉变质的、酸臭味）的东西。如果在饲料中加入一定的鱼粉等具有较浓腥味的饲料，黑豚不爱吃，甚至拒食，此时可加入一定的调味剂（如甜味剂）来解决。

黑豚的听觉非常发达，耳朵对于声音反应灵敏，它听到的音域远大于人。在安静的情况下，若突遇尖锐的声音或是其他动物闯入都会引起黑豚的惊恐及骚动。因此，豚场要注意保持安静，防止噪声对黑豚的干扰。另外，黑豚的记忆力也非常强，辨别能力也特别高，能辨别出饲养人员的脚步声。

十一、繁育特性

中华黑豚雌豚 40～50 日龄，雄豚 70 日龄就有性征表现。雌豚性周期为 16 天，发情持续时间为 1～18 小时，平均为 9 小时。妊娠期为 60～68 天，哺乳期 21 天。一般年产仔豚 3～5 胎。产仔数一般为 1～4 只，多的可达 5～6 只，黑豚为全年、多发情性动物，并有产后性周期。胚胎在母体发育完全，出生后即已完全长成，全身被毛，眼张开，耳竖立，并已具有恒齿，产后 1 小时即能站立行走，数小时能吃软饲料，2～3 日后即可在母鼠护理下边吸吮母乳边吃饲料。

十二、领域性

雄豚的领域行为比较特殊，在更换黑豚笼舍或是分级饲养，特别是在交换雄豚进行选育种豚时，其往往以嗅觉探测新的环境，以便将新环境的气味记下来。若是将雄豚放入雌豚笼中（池），其则四处嗅嗅闻闻，若是笼中的雌豚处于发情阶段，经过一阵嗅闻后，雄豚才慢慢追逐雌豚；若雌豚未发情或是在发情初期，该笼中雌豚则会远离刚"入侵"的雄豚；若是将发情的雌豚放入雄豚笼中，雄豚和雌豚都会较快地产生反应。因此，在配种时将发情的雌豚捉放到雄豚笼中容易获得配种成功。

第三章　黑豚的饲料

第一节　黑豚的营养需要

　　黑豚维持生命活动、进行新陈代谢、繁殖性能以及优良品质，必须通过采食饲料从外界摄取多种营养物质。在生命的全过程中，需要蛋白质、脂肪、碳水化合物、矿物质和维生素等几大类营养物质。这些营养物质为黑豚提供热能，以维持其生命活动，或转化为体组织，或参与各种生理代谢活动。任何一类营养物质的缺乏，都会造成生命活动紊乱，甚至引起死亡。因此，在人工饲养条件下，选择配合饲料时，既要注意营养丰富、全面、适口性好，又要考虑到成本低廉、饲料来源易解决等问题。适当添加矿物性饲料，如骨粉、鱼粉等，以满足黑豚的营养需要，保证其正常生长、发育、繁殖。

一、蛋白质

　　蛋白质是一切生命的基础，在黑豚的生长、繁殖等过程中起着极其重要的作用，也是养殖黑豚中饲料成本中花费最大的部分。黑豚的许多重要组织、器官，如肌肉、神经、内脏、血液和皮毛等的主要成分都是蛋白质。在黑豚的生命活动代谢过程中，蛋白质是其他营养物质所不能替代的。若黑豚缺乏蛋白质，会导致黑豚体重下降，生长受阻，毛色暗淡，雌豚发情不正常，或不易受孕，胎儿发育不良，易流产，产生死胎、畸形胎等现象，初生仔豚生命力差，成活率低。雄豚精液品质差，精子数量减少，精子活力差。

构成蛋白质的基本单位为氨基酸，若氨基酸不平衡，即使满足了黑豚蛋白质所需要的量，也不能更好地发挥黑豚的生产性能。因此，在人工养殖过程中，为提高饲料中蛋白质的利用率，常采用多种饲料配合饲喂，使各种氨基酸互相补充。如在青绿饲料中，苜蓿、南瓜叶及茎、菠菜、马齿苋、玉米苗及精料中的饼、粕、麦麸、米糠等氨基酸含量较高。要使幼豚生长发育良好，种豚的繁殖力强，必须喂给配合饲料，保证日粮中含有足够的蛋白质。喂以配合饲料，可使黑豚的生长成熟期提前，从而提高经济效益。

二、脂肪

脂肪是属于高能量物质，主要作用是产生热能，供给黑豚能量和必需脂肪酸，此外，参与形成细胞膜的结构。所产生的热能有助于对某些脂溶性维生素如维生素 E、维生素 A、维生素 D 等的吸收利用。但黑豚体内能量来源主要是糖类而不是脂肪，黑豚体内沉积的脂肪大部分也是由饲料中的糖类转化而来。因此，平时黑豚不需要补喂太多的脂肪性饲料，只需在哺育幼豚期、发育期以及冬季期比平时供应稍多一些即可，但不能超过饲料总量的 5%。脂肪不易消化，也不能投喂过多，一般黑豚日粮脂肪含量为 1%～3%，过多则影响黑豚的适口性，甚至影响消化不良，导致腹泻。

三、碳水化合物

碳水化合物包括两大类：一类为无氮浸出物，包括淀粉和糖；另一类为粗纤维。碳水化合物的主要作用是为黑豚机体提供能量。糖类主要分布在肝脏、血液和肌肉中，不到体重的 1%，主要功能是产生热能，维持生命活动和体温。碳水化合物同时参与细胞的各种代谢活动，如参与氨基酸、脂肪的合成。利用碳水化合物供给能量，可以节约蛋白质在体内的消耗。在植物性饲料中，含有大量的淀粉和纤维素。淀粉的量也不宜过高，过高影响黑豚的食欲，引起肠道不适，甚至腹泻。

四、矿物质

无机盐和微量元素在生理过程中起着重要的作用，是黑豚生长发育、增强抗病能力必不可少的营养物质，根据黑豚体内矿物质含量的多少分为常量元素和微量元素两大类，如钙、磷、钠、铁、铜、锌、锰、钴、碘、硒和镁等。

钙与磷是组成黑豚外骨骼的重要成分。钙和磷是黑豚体内含量最多的矿物质，在骨骼和血清中含有大量的钙。雌豚怀孕期间，血清钙含量比平时高。细胞活动和血液凝固都需要钙质。钙和磷以磷酸镁存在于血清、肌肉和神经组织中。若投喂的日粮中缺乏钙和磷，会引起软骨病、软脚病、幼豚发育不良和佝偻病等。各种豆类和骨粉富含钙和磷，玉米秆、牧草等也含有钙和磷，谷物中含的磷较多。因此，在投喂饲料时应合理搭配。

钠和钾存在于黑豚的体液和软组织中，常与氯或其他非金属离子化合成盐类。它主要是维持血液的酸碱度和渗透压；能促进消化酶的活动，有利于脂肪和蛋白质的消化吸收，同时还能增进食欲，帮助消化。饲料中一般不会缺钾，钠可从食盐中得到补充，在给黑豚投喂的饲料中加入少量食盐水以补充钠即可。

铁、铜和钴是造血的重要物质。铁是血红蛋白的重要成分，缺铁就会发生贫血。红黏土中含有大量的铁，青绿饲料也含有一定量的铁。铜是形成血红蛋白所必需的催化剂，若缺铜则影响铁的正常吸收，同样会产生贫血。钴是维生素 B_{12} 的主要成分，而维生素 B_{12} 有促进红细胞再生与血红素形成的作用，因此，缺钴会引起恶性贫血。

锰、锌、碘、硒等元素在黑豚体内含量较少，若缺乏则会影响黑豚的正常生长发育和繁殖力。在人工饲养下，黑豚所需的矿物质等微量元素可通过添加剂来满足其生长发育需要。

五、维生素

维生素是黑豚生长繁殖不可缺少的物质。维生素 C 的需求量要比其他维生素大些，虽然黑豚对其他维生素的需求量较少，但参与黑豚体内的主要物质代谢，是代谢过程的激活剂。维生素有 30 多种，主要有维生素 C、维生素 A、维生素 D、维生素 E、维生素 K、维生素 B_1、维生素 B_2、维生素 B_{12}、生长素、叶酸和肌醇等。维生素含量较高的多为青绿和多汁饲料，如南瓜叶、南瓜、莴苣叶和茎、苋菜、马齿苋、白菜、菠菜、甘薯叶、豆粕、小麦芽等。维生素的生理功能很多，饲料中无论缺乏哪一种维生素，都会造成新陈代谢紊乱，生长发育停滞，同时抗病力下降，易生病。

1. 维生素 C

由于黑豚自身体内不能由其他物质合成维生素 C，而维生素 C 能保护酶系统巯基使其免遭破坏，增强肝脏的解毒功能。体内贮存的维生素 C 在 1 周左右消耗完，若黑豚缺乏维生素 C，其前期并无明显症状，但到后期（10～20 天）出现临床症状，大都表现为被毛松散，精神委顿，食欲减退，体温略有升高（39.5℃左右），步伐不稳。最后引起坏血病，导致豚鼠跗肘关节肿胀、胸骨软骨部分膨大，四肢麻痹，行动困难，体质衰弱，并易感染细菌性肺炎、急性肠炎和霉菌性皮炎等，导致生殖机能降低、发育不良、抗病力低，甚至引起死亡。因此，饲料中一定要注意维生素 C 的补充。一般豚鼠维生素 C 需要量为 1 毫克/（100 克体重·日），在生长、妊娠、泌乳期间和受到应激时，实际需要量每日 10～25 毫克/100 克体重，以预防坏血病。

维生素 C 的投喂可通过内含充足维生素 C 的颗粒料、维生素 C 咀嚼片或普通的片剂、液体维生素 C 进行。其中维生素 C 的含量应是正常需要量的 10 倍，因为维生素 C 易氧化不稳定，目前维生素 C 尚无理想的稳定方法。在饲料中维生素 C 会随着时间的延长而逐渐失效。因此饲料不能久放，贮存的地方要干燥凉爽。比较经济和效率高的方法是将维生素 C 溶于饮水中（200～400 毫克/升，新鲜配制），其中用于溶解维生素 C 的饮水最好使用蒸馏水或去离子水，因为含氯离子和一些金属离子的水会使维生素 C 失效，因此最好使用不锈钢的饮水设备。

需注意的是，在豚鼠中添加从药店购买回来的维生素 C 片由于大部分成分是淀粉，需要添加 20 倍以上才符合使用量，因此在规模饲养中一般都是购买纯度在 99％ 以上的维生素 C，即 D-抗坏血酸，才能保证豚鼠的维生素 C 需求。

养殖数量不多时，添加维生素 C 的方法是投喂富含维生素 C 的新鲜水果、蔬菜。但水果、蔬菜不易消毒，微生物状况不易控制，易引起传染病的流行。

2. 维生素 A

维生素 A 可促进黑豚生长、增强视力、保护黏膜，在繁殖期、幼豚生长期特别重要。若缺乏维生素 A 会出现夜盲症，生长繁殖停止。各种青绿饲料中含有丰富的胡萝卜素，在黑豚体内能转变成维生素 A，是黑豚维生素 A 的重要来源。所以，适量地在饲料或饮水中添加复合维生素，对维护黑豚的身体健康很有好处。

3. B 族维生素

B 族维生素与黑豚的生长关系也较密切，其功能是促进生长发育，加速新陈代谢，增强食欲，健全神经系统。若黑豚缺乏维生素 B_1，幼豚会患多发性神经炎；缺乏维生素 B_2，幼豚会食欲下降，生长停滞，足部神经麻痹；缺乏维生素 B_6，黑豚会出现贫血，食欲不振，消化不良，口鼻出现脂溢性皮炎；缺乏尼古酸，会导致黑豚干瘦、脱毛。豆类、青绿饲料均含有丰富的 B 族维生素。

4. 维生素 K

维生素 K 主要是促进血液正常凝固。若黑豚缺乏维生素 K，身体各部位出现紫色血斑。各种青饲料均含有丰富的维生素 K，即使是喂给黑豚精料时也要配以青饲料喂之。

5. 维生素 E

维生素 E 又叫生育酚，与黑豚繁殖机能有关。其作用是增进雌豚的生殖机能，也能改善雄鼠体质。若黑豚缺乏维生素 E，则繁殖能力下降。谷物类子实及青绿饲料、发芽的种子都含有丰富的维生素 E。因此，不管是幼豚或是成年豚在喂以青绿叶饲料或是精料的同时适量添加复合维生素，对维护黑豚的身体健康很有好处。

六、水

水也是黑豚不可缺少的生命物质，是体内营养物质运输、消化与吸收、代谢终产物排出的载体。若黑豚身体失去 1/3 的水分，将会导致死亡。黑豚可从投喂的青绿叶饲料或是含水分较高的瓜皮中获取，但在炎热的夏季若是没有安装自动饮水装置，应在早晚直接供给饮水。

第二节　饲料的种类

黑豚是食草动物，其粗纤维消化能力比其他家禽要强。常言道："兵马未动，粮草先行。"人工养殖黑豚，在引种前必须根据黑豚的食性准备好饲料。黑豚的日常饲料主要分为青饲料、粗饲料、多汁饲料、精饲料、添加剂。

一、青饲料

黑豚是食草动物，以青料为主，占饲料总量的70％以上。我国幅员辽阔，饲料资源丰富。天然牧草资源丰富，农村、山区、牧区遍地都是，南方几乎终年均可有青绿饲料喂黑豚。

（1）青粗料类　有新鲜稻草，玉米秆、叶、苞，南瓜叶、茎、藤，甘蔗叶，红苕藤，高粱叶，胡豆叶，花生藤，豌豆藤，苦麻菜。

（2）牧草类　有甜象草、苏丹草、紫花苜蓿、皇竹草、黑麦草等。目前用于投喂黑豚较多的牧草为皇竹草和黑麦草，皇竹草产量高，营养也丰富；黑麦草抗严寒，南方的养殖户在冬季多数投喂黑麦草。

（3）蔬菜类　有甜菜、白菜、萝卜、菠菜、甘薯藤、花菜叶、西芹菜等。

（4）水生植物　绿萍、水浮莲、金鱼藻、莲叶、水葫芦、水花生、水稗草、莲叶、茭白叶等，水生植物由于生长于水中，常带有寄生虫，应注意调制，最好是晒干或是青贮饲用。

（5）树叶类　有苹果树叶、柳树叶、杨树叶、葡萄叶、竹叶、山楂树叶、梨树叶、柿树叶、榆树叶等，树叶类饲料的营养成分与干草相当，并富含可消化的蛋白质及维生素。可在秋季收集贮藏作为黑豚的优质饲料。

（6）中草药类　有蒲公英、紫花地丁、车前草、马齿苋、艾蒿、茵陈、金银花、大蒜苗、玉竹叶、一点红、蛇床子、地肤子、益母草、白头翁、败酱草、鱼腥草、铁苋菜、仙人掌、槐花、紫苏、韭菜、大葱、橘皮等。饲喂这类饲料还可以起到预防疾病的作用。

① 蒲公英　具有清热解毒、消肿、利胆、抗菌消炎作用，能防治黑豚肠炎、腹泻、肺炎、乳房炎。

② 萹蓄　具有抗菌、止痢和驱虫功效，对金黄色葡萄球菌、痢疾杆菌、大肠杆菌和球虫有明显的杀灭或抑制作用。

③ 紫花地丁　又名地丁草，具有清热解毒、拔毒、消肿、抗菌消炎作用，治疗黑豚流感、喉炎、肺炎、乳房炎、肠炎、腹泻等。

④ 车前草　又名车车子、车轮菜，有利尿、止泻明目、祛痰功效，用于防治呼吸道、肠道和球虫病感染。

⑤ 马齿苋　又名长寿菜，有清热解毒、散血消肿、止痢止血、驱虫、消疳作用。马齿苋，梅雨季节喂豚鼠能防止腹泻和球虫病。

⑥ 艾蒿　又名野艾子、艾叶草，有止血、安胎、散寒、除湿功效，防治豚鼠便血、血尿、胎动不安和湿疹，或是用于豚场的消毒。

⑦ 黄蒿　又名香蒿、蒿子等，具有清热解毒、芳香健胃、清肝明目、通便利胆、止血止痢、祛痰退疟功效，治疗流感、肺炎、痢疾、疟疾等症。

⑧ 茵陈蒿　又名绵茵陈，具有发汗利尿、利胆、退黄疸功效，治疗肝球虫病、大便不畅、小便黄赤短涩。茵陈蒿是优质的青饲料，春天饲喂，能使幼仔生长发育快，被毛光泽，膘情良好。

⑨ 野菊花　又名野黄菊，具有祛风、降火、解毒之

功效，治疗金黄色葡萄球菌、链球菌、巴氏杆菌引起的疾病。

⑩ 金银花　又名忍冬花、双花（种植），具有清热解毒作用，主治流行性感冒、肺炎、呼吸道和消化道疾病及其他热性病。

⑪ 大青叶、板蓝根　具有清瘟解毒、抗菌消炎功效，主治咽喉炎、气管炎、肺炎、肠炎等，还可用来进行场地消毒。

⑫ 大蒜　具有杀菌、健胃、止痢止咳和驱虫功能，可治疗肠炎、腹泻、消化不良、流感、肺炎、球虫病等多种疾病。

以上中草药分布面广，资源丰富，在农村随手可得，并具有简便、易学和疗效好的特点，很适合农村家庭养殖黑豚者。黑豚为草食动物，采食的很多青饲料亦是中药，既有营养，又能防病治病性，长期使用不产生抗药性，无副作用，可根据季节和豚群健康状况就地选择采用。

二、多汁饲料

多汁饲料主要指块根、块茎及瓜类饲料，如西瓜皮、甘薯、胡萝卜、白萝卜、冬瓜、葫芦、莲藕等。这类饲料的特点是嫩而多汁，适口性好，营养丰富，便于贮藏，但不宜多喂。在冬季枯草季节，可以弥补青饲料的不足。多汁饲料尤其适于哺乳期的雌豚和仔豚，有提高乳汁分泌和促进仔豚生长的作用。胡萝卜是常使用的一种多汁饲料，营养丰富，适口性好；在冬季白萝卜也是用得较多的多汁饲料，容易栽培，在冬季根、叶均可用作饲料。

三、粗饲料

粗饲料是指按绝干物质计算，粗蛋白质含量在 8％左右，粗纤维含量在 18％以上的饲料。其特点是体积大，蛋白质、维生素含量低（除牧草外）。它们的营养价值受品种、收获期和贮存方法等的影响，凡能保持青绿颜色和芳香气味的干草，营养价值较高。这类饲料包括两种，即秸秆类和干草类，是黑豚越冬的主要饲料。秸秆类饲料有玉米秆、花生茎、甘薯藤、稻草、燕麦秆、大豆秆、蚕豆藤、豌豆秆等；干草类饲料有人工栽培干草、野青干草和干树叶等。

另外，黑豚的日粮中粗纤维量不可过多，也不可过少。若投喂的饲料中粗纤维含量过少，则可使肠蠕动减缓，食物通过消化道的时间过长，造成结肠内压升高，近侧结肠膨大部扩大，引起消化紊乱，采食量下降，产生消化道疾病，严重的脱毛和互相吃毛，特别是妊娠雌豚表现明显，甚至引发黑豚死亡。但若日粮中粗纤维含量过高，使肠蠕动过速，日粮通过消化道的速度加快，营养浓度下降，仅能维持较低生产性能。因此，黑豚日粮中适宜粗纤维水平为 13％，幼豚可适当低些，但不得低于 8％；成年豚可适当高些，但也不得高于 17％。

四、精饲料

精饲料主要指动物性蛋白质饲料、谷物和豆类子实及其副产品。玉米、稻谷、豆粉、麦类等谷物以及它们的副产品糠等，富含能量，能满足黑豚对能量的需要；粗纤维含量较低；粗蛋白质含量亦较低，一般不超过 10％，所含矿物质中磷多钙少。豆类和饼粕类饲料，豆类直接用于饲料的情况不多，用得较多的是饼粕类。饼粕类饲料是油料加工副产品。油饼是榨油的副产品，油粕是浸提法制油的副产品。黑豚饲料中用得较多的是大豆饼，其蛋白质含量高，氨基酸也较平衡，是黑豚蛋白质主要来源之一。

动物性饲料营养价值也高，如鱼粉、肉粉、血粉、骨粉、大麦虫粉、蚯蚓粉、黄粉虫粉、蝇蛆粉、蚕蛹粉等，所含蛋白质在 $50\% \sim 60\%$，其中所含的必需氨基酸较全面，含钙、磷充分，比例适中，利用率高。因此，在以植物性蛋白质饲料为主的日粮中，添加动物性蛋白质饲料后，能提高整个日粮的营养价值。由于黑豚是素食动物，因此，在配合饲料中不宜加入太多的动物性蛋白质饲料，以免影响黑豚的适口性，或是拒绝取食，造成浪费，甚至引起消化不良和蛋白质过剩而中毒。

另外，还有家禽类羽毛、猪毛等经高压蒸煮、干燥粉碎后的粉，糟类如啤酒糟，渣类如豆渣和粉渣，制糖副产品如甜菜渣、糖渣和糖浆等，都可作为黑豚的动物性蛋白质性饲料。但均需处理，按比例调配好后，才能喂养黑豚，饲喂量不可过多。

一般生长期和哺乳期的雌豚对蛋白质的需要量为每千克风干日粮中含粗蛋白质 18% 为宜；生产、妊娠期的雌豚需要量为每千克风干日粮中含粗蛋白质 15% 为宜，同时蛋氨酸、赖氨酸和色氨酸的含量要均衡。

五、添加剂

黑豚生长发育所需的各种矿物质、微量元素及多种维生素等，可在黑豚日粮中添加，例如在饲料中添加磷、铁、钠、维生素A、B族维生素、维生素C等，亦可在饲料中加入食盐、骨粉、鱼粉、EM菌液、蛋壳粉、黄芪多糖等，这些物质占饲料总量5%。这些矿物质饲料和维生素虽然量少，可是黑豚生长发育不能缺少的饲料，也是增强黑豚免疫能力的物质。

六、有毒青料

因含有各种毒素，不能饲用于黑豚的青料有以下几种。

（1）树叶类　有桃叶、李叶、杏叶、樱桃叶及夹竹桃叶、万年青叶、青枫叶、千丈树叶等，它们主要含苦杏仁苷（可分解为氢氰酸）和强心苷。

（2）野生杂草　有白头翁、断肠草、苦参、指甲花、苍耳、狼毒、毛茛、乌头、毒芥、野棉花、龙葵、曼陀罗、草乌、独活、天南星、牛舌草、山芍药、生半夏、土大黄、土黄莲、菖蒲、酸模、蓼等，或含乌头素、吗啡、尼古丁等生物碱，或含氢氰酸等有机酸，或含各种配糖体。

（3）栽培作物　玉米、高粱的幼苗含有氢氰酸，马铃薯叶含龙葵素，蓖麻叶含蓖麻毒素。

（4）蔬菜类　有牛皮菜、番茄叶、瓢耳菜等，一方面含生物碱且水分过重易引起拉稀，同时过量草酸也影响钙吸收。

另外，聚合草、苋菜、甜菜都不能一次性大量喂给，同时对主食类的新鲜青草和蔬菜叶，也不能长期堆放至发黄、腐烂，否则易发生亚硝酸盐中毒，注意不要使这类青草带有泥沙、露水或处于冰冻状态。

第三节　黑豚的饲料配方及加工

一、饲料的配方

野生黑豚以食草为主，获得的营养少，所以个体小、生长慢、产仔少。人工驯养后调教黑豚采食精料，获得的营养多，所以个体大、生长快、产仔多。人工饲养黑豚的正常生长、发育、繁殖均需要充足的营养。若要获得高产，除了每年两次选育高产种群外，就要在优化饲料配方与科学饲养技术上下工夫。一些家庭式养殖农户饲养黑豚时为了节省开支，不喂或少喂精料，结果黑豚越养越小，有些城镇居民饲养黑豚想让它长快点，全部喂精料不喂青料，长期不供给青料或干草等植物，结果黑豚生长反而变慢并且发生脱毛现象。忽视精料或青料的合理供给，都不能把黑豚养好。因此，我们通过研究蛋白质、纤维和脂肪对黑豚生长性能的影响，得出了黑豚的精饲料配方，配合青料投喂，有效地提高了黑豚的生长速度。

黑豚的精饲料配方以下几种。

（1）草粉 20％，玉米粉 27.5％，麦麸 35％，豆粕 5％，鱼粉 7％，酵母粉 2％，油 2％，钙磷粉 1％，盐 0.5％。

（2）草粉 40％，玉米粉 17％，豆粕 15％，麦麸 15％，米糠 12％，盐 1％。

（3）草粉 40%，麦麸 37.5%，豆粕 8%，鱼粉 8%，酵母粉 3%，油 2%，钙磷粉 1%，盐 0.5%。

（4）草粉 20%，玉米粉 20.5%，麦麸 35%，豆粕 8%，鱼粉 8%，酵母粉 3%，油 4%，钙磷粉 1%，盐 0.5%。

（5）玉米粉 30%，麦麸 20.5%，豆粕 15%，米糠 33%，盐 0.5%，骨粉 1%。

以上配方每 100 千克配合饲料中添加 100 克复合维生素（新金赛维），500 克微量元素，150 克赖氨酸，100 克蛋氨酸，100 克黏合剂，40 克电解多维，200 克黄芪多糖；500 克 EM 菌液，加适量的水，拌成湿料投喂，1 天 1 次。有感冒症状的还可以适量加点金黑豚清肺止咳散。

种豚的精料可在以上配方基础上添加适量维生素 E 和亚硝酸钠，可促进豚鼠生殖系统的发育，调节内分泌，提高产仔率。

一般 100 克的仔豚每只每天需要 1 毫克的维生素 C，成年黑豚每天需要维生素 C 5～10 毫克，繁殖雌豚每天需要维生素 C 15～25 毫克。

二、饲料的加工

随着养殖规模的扩大，饲料会越来越成为制约黑豚发展的影响因素，饲料供求矛盾日益突出，饲料原料更为紧缺。

颗粒饲料，是解决饲料诸多问题的关键所在。原料经过多程序加工，对饲料熟化、提高吸收、杀灭病菌、降低成本、节约资源、适应动物的咀嚼功能、高产高效具有重要意义。

　　饲喂黑豚人工配合颗粒饲料，不仅清楚地了解黑豚各个生长发育阶段的营养需要，及时提供全面的营养，而且可以从根源上预防和控制疾病的发生，可以把药物拌入饲料饲喂，使得黑豚疾病的治疗变得非常方便和简单，对于检查工作流程、简化操作都有重要的意义。

　　根据黑豚系列饲料配方、采食习性及原料的加工特性，制定并改进饲料加工工艺。一般采取如下工艺：原料的筛选→粉碎→按比例混合→制粒→冷却与干燥→包装储存。

　　人工配合饲料由于要存放一段时间（15 天左右），就必须保证较低的含水量。因此，在饲料的制作过程中，必须进行冷却和干燥，把做好的饲料放到烘箱中以 50～60℃的温度烘干，一般要烘 4～5 小时，烘干过程也是巴氏消毒过程。

第四章 黑豚养殖场的建造

第一节 场址选择及设计

黑豚场址的选择、建造结构是否合理，能否提供理想的生活环境和生活条件，能否适合黑豚的生长繁殖，都将影响黑豚养殖的成败。建造饲养黑豚场面积的大小可根据养殖规模及自身经济条件来决定，若想把黑豚养殖好，繁殖好，场舍的建造必须根据黑豚的生活习性及环境要求等因素来进行。用房、栏、棚或是利用房前屋后的空地建造的豚舍，适合一般或小规模家庭式养殖方式，不管是从经济上还是繁殖上都难以达到预期的效果。规模化的养殖则需要建造宽敞的豚舍。

一、场地的选择

根据自身条件确定养殖规模后，便开始进入场址选择阶段。在选择场址时，应根据黑豚的生活习性、环境要求、饲养数量、繁殖特点和各地的气候环境条件、经营管理方式、饲养水平等因素，因地制宜，量力而行设计建造。在选择场地时应考虑以下几个方面的因素。

（一）地形因素

黑豚场址最好选择在地势较高、干燥、通风、地面平坦或是稍有一定的坡度，排水性能好的地方。若是山区，不宜选择风口处，更不可将豚舍建在低谷地、洼地和潮湿的地方，避免冬天冷风侵袭，防止夏季暴雨形成山洪，以免造成不必要的损失和增加疾病的发生。

（二）环境因素

由于黑豚喜欢群居，且胆小怕惊，怕受干扰，对外来刺激和空气混浊较为敏感。环境突变，如过冷过热，都不利于黑豚的生长发育。因此，应选择安静的环境，远离沼泽地、蚊虫滋生地、铁路、机房、工厂等干扰过多、噪声大处，并尽量远离畜禽养殖场，以减少污染和疾病传播，附近要有草源。

（三）自然因素

黑豚场应选择阳光充足、空气流通较快之处，坐北朝南而建，以充分利用自然光照。因阳光中的紫外线能杀死环境中的有害微生物，减少有害微生物繁殖，降低黑豚的发病率。另外，还应具有良好的水源，合乎卫生要求，水质好，最好是泉水或是就地打井取水。水中不能含有过多细菌、杂质以及寄生虫卵等。切忌建在四周环山的低谷地，由于黑豚场的饲养密度大，需氧量大，排出的二氧化碳较多，粪便排量大，发酵产生有害气体多。若通风不良，或是山中的雾气长时间不散去，则易使黑豚引发疾病。

（四）交通因素

规模化的黑豚养殖场，其饲料的运输量较大。场地选择得当，交通方便，运输畅通无阻，购买运输饲料方便，节省时间和运输费用，同时也会吸引更多的商家直接来场地订购，销路则更广更稳定。因此，养殖场宜建在交通方便的地方。

（五）电力因素

一个完整的黑豚养殖场，必定有许多用电设备，如铡草机、饲料烘干机、冰箱、冰柜、控温及控湿器等。办好黑豚场，电源正常、电能充足，也是十分重要的。还应考虑饲料的来源充足等因素，以确保生产的顺利进行及以日后发展和壮大。

二、黑豚场的设计

黑豚场一般建立在距铁路 300 米以上，距主要交通主干线 200 米以上，距一般道路 50 米以上，距居民区 200米以上的地方。一个完整的规模化的黑豚养殖场，应包括生活区、生产区、生产辅助区，如青饲料加工存放场所、精饲料存放场所等。各类建筑的大小、数量必须合理，使周转利用率、产出达到较高水平。

规模化黑豚养殖场内的各养殖区、饲料加工区、工作区和贮存场所、排水道、围墙应合理布局，特别是在风向上和地势上要进行合理安排和布局，既有利于黑豚的生长繁殖，又便于管理操作。

（一）生活区

生活区包括工作人员的宿舍、食堂、供电设施、办公场所、黑豚产品加工区、黑豚产品贮藏室、药物存放区以及接待室等场所，其应设在不阻挡风吹养殖区的位置，在与养殖区内相接口的地方应设置脚踏消毒池等消毒设施，以防带入病毒。

（二）生产区

生产区包括种黑豚繁殖区、仔豚培育区以及商品黑豚育肥区、病黑豚隔离区等。生产区是黑豚场的主要部分，其结构必须满足黑豚的特点及习性，满足卫生防疫要求。

（三）生产辅助区

生产辅助区一般包括饲料生产区、技术管理区、卫生防疫区和污物处理区。饲料的加工或饲料的存放，存放卫生防疫药物以及处理生产过程中的粪便和病死黑豚均在辅助区进行。此区域在设计建场时要特别注意，要充分考虑生产中的污物不得影响生产区。

三、黑豚场的布局

黑豚场应根据当地地形地势特点进行合理利用，以解决挡风防寒、通风防热、采光等问题，有效利用原有道路、供电线路等，并遵循主风向由前向后、地势由高到低的布局原则，大规模的养殖场各区布局顺序依次为生活区——管理区——生产区——隔离区——污物处理区。

第二节　豚舍的建造

一、豚舍的要求

饲养黑豚的房舍一般用普通住房或用旧房、旧猪栏改造均可。但为了让黑豚生活舒适，减少死亡率，提高产量和经济效益，规模化的养殖场要根据黑豚的生活习性来建造，房舍应以坐北朝南为好，要求冬季能防寒、夏季能防热、空气流通等，尽量与其他动物禽舍、畜舍保持一定的距离，以利防疫，减少疾病。

(一) 通风

不论新建或改修的豚舍，饲养室以坐北朝南为好，大小不限。室内最好冬暖夏凉，空气流通、清新。豚舍应多开门窗进行通风，以排除有害气体和过多的热量及水分，防止滋生细菌，避免疾病的传播，对流口和窗口最好比饲养池高一些，以免冷风直接吹到黑豚，防止因受凉而发生疾病。

(二) 温度、湿度

根据黑豚喜温、爱干燥的生活习性，饲养室应保持适当的温度、湿度。由于豚鼠身体紧凑利于保存热量而不利于散热，因此较怕热，其自动调节体温的能力较差，对环境温度的变化较为敏感，适合黑豚生长繁殖的温度为10～32℃，在这个范围内适当变化对黑豚生长有一定的促进作用。在炎热的夏季，最好把温度控制在此范围，在寒冷的冬季使室温稳定在20℃左右，不能低于10℃；相对湿度控制在45％～55％，湿度过小或过大都不利于黑豚的生长发育及繁殖，而且会导致各种疾病。立体笼式养殖应离开地面，采用池养殖时，若地面湿度较大，可用稻壳、米糠等将池底铺垫上，以防潮湿，并适当控制青饲料的含水量。

(三) 光线

黑豚不喜欢强光，但也怕阴暗，需要一定的光照，经常接受阳光的照射，有利于黑豚热调节机能的完善，使造血机能活动加强，加快性腺激素的生成量，促进性腺活动，提高抗病能力。饲养室应以自然光为主，光线适当，最好使黑豚在弱光环境下生活，光线不能直射也不能太暗。

（四）安静、防鼠

黑豚听觉好，怕惊、怕扰，对外来的刺激如突然的震动、声响较敏感，甚至可引起流产，所以饲养室应选择周围环境比较安静的地方。室内的洞口要堵塞好，地面最好铺水泥与石子细沙拌和的混凝土；门窗应装上铁丝网，以防鼠、狗、猫等入侵为害及干扰。

（五）方便管理、防潮

豚舍的建造必须方便饲料投喂、打扫卫生及观察，并要考虑避免潮湿问题，减少细菌的滋生。

二、豚舍的建造

黑豚饲养方式多种多样，目前我国主要有笼式、池式、立体式和散放式养殖方式。大规模养殖一般采用的方式有：立体式笼养、池式圈养、立体式工厂化饲养。初养殖的朋友因地制宜，根据经济条件等因素选择适合自己的养殖方式。

（一）笼式养殖

豚鼠活动性强，空间要求比其他啮齿类动物大，制作豚笼的材料要经久耐用，造价低廉，最好用铁丝网（2厘米×2厘米）制成，一般常规豚笼规格长、宽为60厘米×50厘米（1公2母）；1公4母的豚笼规格以80厘米×60 厘米为宜；1 公 3 母的豚笼规格以 60 厘米×60 厘米为宜，如图 4-1 所示。

图 4-1　笼式养殖

笼式养殖，其优点是有效地利用空间，提高场地的利用率，便于饲养管理，能控制繁殖、病情，投料方便，便于清洁豚体及笼内卫生，保持清洁。由于豚鼠不能登高，跳跃能力差，笼具一般不需加盖（四周围栏 40 厘米高），笼底要留有空隙，便于粪便从下面漏出，保持笼内干燥清洁，笼可做成三联等多种形式，产仔的雌豚笼具底层最好不要留缝隙，以防仔豚腿夹在缝内而受伤。

（二）池式养殖

池式养殖为最简单的养殖方式，也是目前农村采用较多的饲养方法（图 4-2）。此方式适宜平房、舍宽养殖户采用。建池取材方便，砖头、水泥、瓷砖、木板、石棉瓦等均可用来建池。养殖池可砌成长方形，池内分成不同规格的若干小格。各种小格的规格为：种豚 60 厘米×50 厘米×40厘米，商品豚的池可大些，一般种豚每平方米饲养2～4只为宜。平面养殖以水泥地面为宜，这样便于清扫粪便。池内垫些木屑或是干草，利于保温吸湿，垫料避免应用具机械损伤的软刨花，以及具有挥发性物质的针叶木刨花。细小的硬刨花、片屑、锯末可粘在生殖器黏膜上影响交配，甚至损伤生殖器，使豚鼠不孕。粉末状垫料也会引起呼吸道疾病，不宜采用。最好使用发酵垫料（图4-3），不但省去了打扫的麻烦，而且还有利于保暖吸湿，利于黑豚的生长，减少病害的发生。应特别注意的是，采用平面养殖要严格防止天敌的威胁，尤其是家狗、家猫，一旦进入养殖场，将会造成很大的损失。黄鼠狼和老鼠也会咬死小黑豚，还可传播一些传染病。因此，平地池养的一定要注意预防天敌。

（三）立体规模化养殖

立体规模化养殖面积较大、相对集中，便于管理、操作，饲养数量多（图4-4～图4-6）。用砖、木、铁网做成

图 4-2　池式养殖

图 4-3　发酵料垫豚池

图 4-4　规模化简易立体式豚舍

图 4-5　立体规模化笼式黑豚舍

3～5 层，底部稍斜，使粪便流出，方便管理。池、笼中有小门。一般根据笼舍的大小决定放养数量，商品豚每平

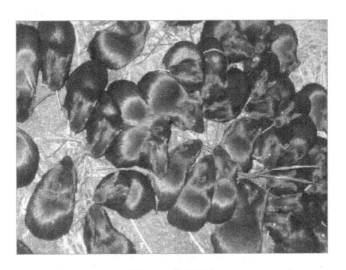

图 4-6　商品豚池

方米大的 8 只，小的 8～10 只。一般长、宽为 100 厘米×
50 厘米的可放种豚 1 公 4 母；80 厘米×50 厘米的可放种
豚 1 公 3 母；60 厘米×50 厘米的可放种豚 1 公 2 母；50
厘米×35 厘米的可放种豚 1 公 1 母。放养黑豚前，应用
浓度 0.02％的高锰酸钾溶液对房舍进行喷洒消毒。

第五章 黑豚生长发育和繁殖

第一节 黑豚的生长发育与寿命

一、黑豚的生长发育

　　黑豚生长发育的快慢与雄雌豚的遗传特征、母体的营养、产仔间距、一窝产仔数、妊娠期的长短、雌豚的哺乳能力、饲料质量、环境条件以及饲养管理人员的管理水平等有关。

　　一般刚出生的仔豚体重为 50～120 克，体长在 12～15 厘米。产仔 2～4 胎正常出生体重一般为 50～80 克，单胎的出生体重一般在 90～100 克，产仔数 5 只以上或是雌豚营养不良产仔 4 胎的仔豚往往因体质太弱，单个体重太小而难以成活。

　　由于豚鼠妊娠期长，仔豚出生时已全身覆盖被毛，两眼睁开，有门齿，耳已能听到声音，出生 1 小时后即可走动。黑豚的生活能力很强，有的出生后，被毛干后就能少量进食很嫩的青草；出生几小时后仔豚就可自由活动，2～3 天后除吸母奶外，进食嫩草基本正常。一般在半个月的哺乳期过后，仔豚便可在雌豚的带领和保护下，独立采食，完全自由自在地活动。同产仔数目不同，其生长发育也有所差别。精粗料搭配合理、出生时体质强、摄食旺盛的仔豚生长发育较快，一般半月龄的仔豚体重为其出生时的 1 倍左右；1 月龄的豚鼠体重可达 210 克左右；2 月龄豚鼠体重可达 350 克左右；5 月龄雌鼠体重可达 600 克左右，雄鼠体重可达 550 克左右；成年雄鼠体重可达 800 克左右，成年雌鼠体重可达 850 克左右。

二、黑豚的寿命

黑豚的寿命一般为 3～5 年。其繁殖期限一般为 1～1.5 年，过期应淘汰并更换新的且经选育过的豚作为繁殖豚，淘汰豚作商品豚进行处理。

第二节　黑豚的繁殖

一、性成熟

黑豚具有性早熟特征，一般雌豚在 30～45 日龄，雄豚在 70 日龄具有性征表现。雌豚一般在 14 日龄时卵泡开始发育，约 60 天开始排卵。雄豚 30 天左右开始出现爬跨和插入动作，90 日龄后具有生殖能力的射精。雌豚最好在 70 日龄后再配种繁殖。

二、发情

黑豚雌鼠为全年多发情期动物，发情的雌豚有典型的性行为，即用鼻嗅同笼其他豚鼠，爬跨同笼其他雌豚。与公豚放一起时，发情的雌豚会采取交配姿势，即表现为典型的拱腰反应，将四条腿伸开，拱腰直背，阴部抬高，等待公豚与之交配。黑豚性周期为 15 天左右，发情时间可持续 1～18 小时，平均为 8 小时，多在下午 5 点至次日早上 5 点之间，发

黑豚高效养殖技术一本通

情结束后排卵。黑豚发情的时间可因交配而缩短。

三、交配

雌豚发情期间，雄豚接近雌豚并追逐，发出低鸣声，随后进行嗅、转圈、啃、舐和爬跨等动作。雌豚交配时采取脊椎前凸的拱腰反应姿势。雄豚进行插入，然后射精，终止交配，交配完成表现为舐毛，迅速跑开。交配后的雌豚阴道口有明胶样的混合物，根据这种栓塞物的有无，可以判断黑豚是否交配成功。另外，还可检查雌鼠阴道内容物，看有无精子，以确定是否交配。

一般情况下，留作原种繁殖的黑豚，都采用一公一母的交配法进行，即每个养殖池只放 1 对种豚，雌豚应在幼豚断乳后，再让它们同居繁殖；可以在雌豚产仔后的半天内把雄豚放入进行血配；配种率、繁殖率都高。大群饲养时多采用 3～4 只雌豚放入 1 只雄豚进行交配，切忌放入两只雄豚，以防格斗而影响配种。

黑豚一般在 5 月龄左右才达到体成熟，此时方可进行配种繁殖，若提前进行配种，易造成母鼠体质过度损耗，繁殖出的后代体质和生命力均较弱，成活率低，易造成种群退化。

四、雌豚的排卵

雌豚一般情况下是自发性排卵。一般雌豚在达到性成熟以后，每隔 15 天左右会出现发情症状，发情过程也伴随着排卵，这种排卵不需外界刺激，自发进行，称自发性排卵。雌豚排卵期间是投放雄豚的最佳时机，也是提高黑豚繁殖率的方法之一。

五、妊娠、产仔

雌豚妊娠期一般在 65～72 天，平均 68 天，比其他啮齿类动物稍长些，青年豚鼠妊娠期有延长的趋势。雌豚在产仔前 1 周耻骨联合出现分离，最大限度可达 3 厘米左右，可做产期判断。雌豚产仔时蹲伏，产后把仔鼠身上舔食干净并吃掉胎盘。雌豚在分娩 2～3 小时后，便出现一次产后发情，此时将雄豚放入与雌豚进行交配，妊娠率较高，可达 80％左右。黑豚产仔数与营养、体质、年龄等有关，一般产仔数 1～4 只，多的可产 5～6 只。

六、哺乳、断奶

豚鼠虽然只有一对乳房，但泌乳能力强，可很好地哺乳 4 只仔鼠。雌豚间有互相哺乳的习惯，可采用 2～3 只雌豚一起哺乳仔豚。

通常其断奶标准有两个，一是仔鼠体重达 180 克为限度，二是出生后 20 天为限。若留作后备种源，断奶时间则可延长至 30 天，以增强体质。离乳后的仔鼠雌雄应分开饲喂。

第三节　黑豚的工人繁殖技术

一、引种

（一）引种前的准备工作

做好引种前的准备工作是十分重要的。若从思想上、设施上以及饲料方面没有做好准备，盲目引进种豚，将会造成不应有的损失，而且关系着养殖黑豚的成败。因此，引种前不但要在思想、设施等方面做好准备，还要在市场和饲料方面提前做好准备。

1. 市场

黑豚目前主要以卖种、食用为主，上市又以进饭店为主，老百姓餐桌上较少，市场还不是很成熟，而北方人不太接受，主要销售市场在南方，所以这些市场都必须自己去开发，最好是在当地。另外，黑豚销售价格不是很高，若要长途运输，运输、包装、检疫等费用又增加了养殖成本，利润较低，必须有量利润才会高点。因此，养殖前应做好销售市场调查，最好是找到销路后再开始养殖。

2. 饲料

俗话说"兵马未动，粮草先行"，黑豚是食草动物，养殖中以青饲料为主。因此，养殖黑豚需要足够的青饲料，没有足够的青饲料很难养殖成功。所以在饲养之前需提前种植一些牧草如皇竹草、黑麦草、甜象草等。在饲料短缺的时候可以饲喂各种蔬菜的下脚料、红萝卜等，只要没有毒、浆液少的都可以。一般来说，养殖300只种豚连同后代需种植3亩以上的牧草。

（二）引种地的选择

目前黑豚的引种都是到养殖场直接引入。由于黑豚养殖在我国还处于起步阶段，商品上市较少，各养殖场都是以卖种为主。有些养殖场将已经老龄、失去繁殖能力的或是患有可遗传的大脖子病的黑豚，以次充好、鱼目混珠，欺骗引种者。因此，初次养殖的农户在选择购种场时一定要小心谨慎。

引种时首先要看提供种源的养殖场证照是否齐全，证照、地址和养殖场地法人是否相符。正规的养殖场一般有林业局签发的"野生动物驯养繁殖许可证"；其次还要了解该养殖场在当地或是本行业中的口碑、信誉度、政府的评价等；另外，还要观察该养殖场饲养黑豚的具体情况，包括规模、繁殖选育情况、固定设施、饲料生产基地和该场的技术力量，技术是否成熟，是否有完整的技术资料和完善的售后服务等，以保证引入优良种源。

(三) 引种时间

黑豚引种的时间一年四季均可，但最佳的引种时间为春、秋两季。由于夏季气温较高，冬季气温较低，都不利于黑豚的运输，特别是长途运输，均会产生各种应激反应，特别是怀孕的雌豚容易出现流产现象，以及各种不适症状，增加死亡率。

(四) 引种规格、规模

黑豚最适交配时间为 5 月龄体成熟时，因此，引种时最好引入达到 5 月龄的种豚，或是引入体重在 250～300 克的黑豚，引回后养殖一段时间即可进行交配繁殖。注意不要引入已繁殖过 2～3 胎的黑豚，一般黑豚在繁殖 5 胎以上即淘汰。

首次引入黑豚种的数量根据养殖者的经济情况而定，一般家庭式养殖的初次引种建议在 20 对左右，待在试养中掌握了养殖技术，再增加引种数量，这样不但降低了经济损失，同时降低了近亲繁殖的概率。

二、选种

（一）选种要求

选种时首先要选择全身被毛为纯黑色，毛色乌黑发亮，密实而干净；行动敏捷活泼；体壮丰满，骨骼结实，营养良好；头平身圆，四肢完整而有力，肢形正；眼睛黑而明亮，无分泌物；鼻湿润，无脱毛现象，呼吸平稳；无皮肤病，无虱害的种豚。雄豚睾丸对称，大小一致，阴茎明显发育正常，性欲旺盛。雌豚温驯，外阴发育正常，乳头突出发育良好。对于带有杂色、毛色呈灰色或是残、老以及带病、四肢不全和性情暴躁的黑豚不可用作种豚。

（二）选种方法

一手抓住黑豚颈部，另一手顺黑豚股部轻轻托起，检验黑豚的挣扎力度如何；再通过触摸了解黑豚的敏捷情况；再看肚皮是否有皮肤病；鼻子是否有透明液体流出等。另外，还可将发情的雄、雌豚放在一起，看其交配情况，可以了解黑豚的交配能力。

三、雌雄鉴别

在鉴别性别时，用左手轻轻抓住黑豚的头颈背部，用拇指托住它的右肩，其余四指握住黑豚的左肩及胸部，轻轻把它拿起来（此时要避免压迫胃部），使其腹部向上，然后用右手拇指或食指轻轻推压其会阴部，看有没有阴茎出现或有无外阴部形状。有阴茎则为雄豚（图5-1），有

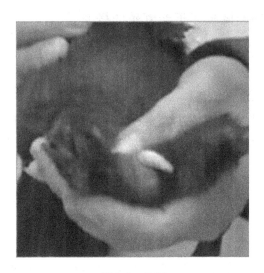

图 5-1 雄豚

外阴部则为雌豚。

四、配种比例

黑豚雄雌配种比例一般 1：1 或 1：2 最好，大群生产比例可适当增加到 1：（3～4）。

五、配种

（一）配种要求

为保持品种优良，必须在黑豚体成熟，生殖器官发育完善成熟后才可让其进行交配。若过早进行交配，雌豚髂骨结合很紧易造成难产，同时易造成雌豚过度消耗。

一般雄豚在出生后 100 天左右，雌豚出生后 90 天左右进行交配较好。交配时在深夜至早上 5 点之间进行，受精率都很高。

（二）配种方法

1. 血配法

即在雌豚产仔后几小时内放入雄豚进行的自然交配，血配法配种受精率高，可达90％以上，繁殖快。若是发现某组产出的后代毛色呈灰色或是夹带杂色等现象，调换雄豚即可。

2. 交叉法

即给仔豚进行编号，待断奶后给选作种豚的仔豚进行编号，雄雌分开饲养，待雌仔豚发情时，从不同的远亲区选上辈雄豚进行交配。交叉法配种黑豚产仔豚多，成活率高，抗病力强，生长快。

3. 邻居远亲交配法

即雄雌分开饲养，待雌豚产仔后几小时内或是断奶后，把远亲雄豚放进雌豚池内或是笼箱内让其临时居住交配，等交配成功后再把雄豚隔离分开饲养。此方法配种，由于雄豚交配时间短，精力旺盛，雌豚受精率高，仔豚成活率高，抗病力强，体强壮，并有利于雌豚更好地带仔等。此法可反复进行，培育繁殖更优的后代。好的雌豚，还可待每一雄豚交配成功后，隔离出再另行选一远亲雄豚放入再交配。

（三）检查是否交配

发情期的雌豚多举止不安，不断地发出"咕咕"的叫声，且食量也减少，外阴部潮湿红润。交配后的雌豚在阴道口有明胶样的栓塞，栓塞是雄豚精囊和前列腺分泌的混合物。栓塞的有无可以判断是否已交配，若是栓塞脱落，取雌豚阴道的内容物检查，看有无精子，即可确认是否已经交配。

六、妊娠检查

（一）观察法

受孕后的雌豚不会再有发情表现，对雄豚的追逐会躲避，并拒绝雄豚的爬跨，或是反咬雄豚等，对雄豚表现出反感的情绪；其食欲也比发情期间高，食量大，怀孕25天左右其腹部两侧有明显的隆起特征。

（二）触摸法

一只手交叉抓住豚鼠肩以上的颈部、前腿和肋骨外廓，轻轻地提起豚鼠，另一只手放于后腿之下，不要过紧地压迫豚鼠，然后托起豚鼠的整个身体，轻轻触摸下腹部子宫角部位，用手指在两边均匀地隔着腹壁探摸仔豚胚胎，如发现有弹性卵圆形小体即为妊娠。若雌豚腹部柔软如常，无异状物，即表示未受孕。若摸到硬且呈椭圆粒状，即为粪粒。一般妊娠25天时，这些小体直径为10～15毫米，35天时为25毫米，超过35天可摸到胎体的一些部位。妊娠后期腹部明显隆起，胎儿、羊水等液体和组织可占体重的一半，最后一周耻骨联合分离。妊娠期间饲养密度不宜过大，饲料要充足，保持安静，轻抓轻放，以免流产。豚鼠分娩以夜间较多，产后要及时检查生产情况，检查哺乳数，做好记录。

七、黑豚的选育

现在农村养殖的黑豚由于长期近亲繁殖和营养不良，造成黑豚个体变小，畸形，抗病力弱，毛色变异，种群严重退化。二次选育就是要在加强营养的同时，不断选育高产种群，使繁殖的黑豚一代比一代大，产仔一代比一代多，抗病力强，使黑豚品质更好，产量更高。在优良种群中个体的生产能力是有差别的，从它们中间优中选优，就会获得产量更高、生产性能更好的种群。

（1）黑豚高产选育种群每年 7 月和 12 月进行两次。

（2）体重选育（每年 7 月进行） 对现有繁殖种豚进行一次盘点，将体重 700 克以上的划入核心种群，体重 700 克以下的，从低到高每年淘汰 20％，同时，每淘汰 1 对原有种豚，就从核心种群繁殖的后代中选出 2 对补充。经过连续 2～3 年淘汰和补充，所有能繁殖的种豚体重均在 700 克以上。

（3）繁殖率选育（每年 12 月进行） 将那些体重在 650 克以上年繁殖 2 胎，每胎成活 4～5 个仔以上的划入核心种群，将年繁殖低于 4 胎，每胎成活 4 个仔以下的，从低到高每年淘汰 20％，同时，每淘汰 1 对原有种豚，就从核心种群繁殖的后代中选出 2 对补充。

经过二次选育高产种群，黑豚种群生产性能可在原来的基础上提高 10％～20％。

八、黑豚近亲繁殖的危害

近亲繁殖也是造成品种退化的一个重要原因。长期近亲繁殖黑豚个体一代比一代小，而且杂毛、花斑逐年增多，繁殖率低，畸形，生长慢，抗病力差，出现严重返祖等现象。

九、提高繁殖率和预防近亲繁殖的措施

(一) 严格选种

严格按选种要求进行选种,选择健康、体质健壮、性欲旺盛的种豚。还要根据系谱及繁殖、生产性能记录等进行选择。雄豚的睾丸要求大而对称,隐睾和单睾雄豚不得留种。雌豚要求繁殖力强,温驯,外阴端正,乳头大,正常,泌乳能力高。及时淘汰产仔少、受胎率不高、泌乳性差的雌豚。

(二) 科学饲养

对种豚进行科学喂食,是提高黑豚繁殖力的重要措施之一。在配种季节到来之前,要逐渐增加蛋白饲料和矿物质、维生素的投喂量。对于过肥的种豚要适当限制高能饲料的投喂量,而过瘦的种豚应加强饲养,保持种用体况,使种豚具有旺盛的性机能。

(三) 合理的年龄结构

种豚群中,青、壮、老年种豚应有合理的年龄结构。种豚一般使用1~1.5年,生产5胎以上即可淘汰。对于体弱有病的也要及时淘汰。每年要选2/3左右的豚淘汰,因此,每年要选留1/3以上的后备豚,并从中进一步选择作为种豚来源。对于因生产而导致过度消耗的豚鼠(表现为掉毛、消瘦),应停止配种,使其休息一段时间,待其恢复后再进行生产。整个种豚群应以青、壮年为主,老龄种豚比例不可过大,否则将会影响整个豚群的繁殖。

（四）避免近亲繁殖

在养豚生产中，切忌近亲交配，近亲交配容易产生死胎和畸形仔豚，还可引起后代不育或后代生活力降低。种豚场或生产场，要建立种豚档案制度、配种繁殖记录和系谱资料，是血缘选配时防止近亲交配的重要依据。即使是养豚专业户，也应对自己饲养的种豚血缘关系做到心中有数。在自繁自养过程中必须避免近亲繁殖，去杂留纯。避免近亲繁殖的措施有以下几条。

（1）大养殖场应从 2～3 个地方引种，以实行交叉配对，实现远缘杂交。

（2）种豚繁殖和商品肉豚繁殖要分开　种豚繁殖池要编号，繁殖的后代实行交叉配对。

（3）农户少量饲养　开始 1 次引种不得少于 10 对。

（4）农户饲养种豚　20 对以下的要定期与周围养殖户串换种豚。

（5）将杂毛、花斑的种豚全部淘汰　见一个处理一个。

（五）适时配种

（1）雌豚产仔后 5～12 小时内交配（血配）容易受胎。但要求雌豚体质健壮，对饲养管理水平要求也较高，不宜连续采用。

（2）雌豚与雄豚分池饲养的，在雌豚和雄豚正常的交配下，为了确保雌豚妊娠和防止假孕，将雄豚和雌豚的同池时间延长，让雌豚与雄豚频繁交配，提高受孕率。

（3）重复交配，即拿 2～3 只不同血缘的雄豚与一只雌豚交配。交配的间隔时间不得超过半小时，此方法雌豚受孕的概率高，仔豚的成活率高，生命力强。

（4）仔豚断奶后雌豚在 1～2 天内配种，往往容易受胎。

（5）假孕结束后，发情交配也容易受胎。

总之，黑豚繁殖力高低受营养、体质等多种因素的影响，要想提高黑豚的繁殖力，必须采取综合措施才会有效。

第六章 黑豚的饲养管理

第一节 黑豚饲养管理的一般原则

黑豚场是黑豚日常活动、休息、采食的场所，管理好黑豚场对于提高产量和质量是至关重要的，黑豚的生长发育好坏、健康与否往往与黑豚场的管理水平直接相关。因此，要重视黑豚场的日常管理工作，做好管理日记，经常仔细观察，及时记录。

一、对饲养管理人员的要求

黑豚养殖是一项技术性的工作，要想养好黑豚，饲养管理人员非常重要。这是因为日常的工作较繁杂，这就要求饲养人员热爱黑豚养殖事业，且对工作积极认真负责，责任心强，才能将此项工作做好。

养殖前，饲养管理人员必须进行专业知识和管理技能培训。通过培训学习，首先提高认识、树立信心，其次熟悉黑豚的生活习性及饲养中的每个环节所需要注意的有关问题，掌握基本操作技术。

二、日常管理

（一）日常检查

每天早、中、晚巡笼检查，检查内容包括：栏舍有无损坏情况；饮用水是否充足；是否有鸡等其他家禽偷跑进来；黑豚采食、活动情况是否正常；舍内有无病豚、死豚。栏舍底或墙壁损坏时及时修理，以免黑豚被刮伤或者逃逸。饮用水、青料不足的要及时添加，有其他家禽要及时驱赶，防止其偷料吃或惊吓到黑豚。有病豚的及时医治，死豚也要及时拣出，并检查其体表，必要时要解剖，分析原因，提早预防疫病的发生和传播。

注意观察黑豚的健康状况，一般健康黑豚精神饱满，动作敏捷，对外界刺激敏感；被毛浓密、柔软而富有光泽；两眼圆而明亮，黑而有神，眼角无眼屎等分泌物；鼻端清洁干燥，无鼻液分泌；肌肉丰满、结实；肛门及腹下周围清洁干燥，粪粒呈长椭圆带弧形，表面光滑。病豚则与此相反。

注意天气变化，及时采取应变措施。特别是在春季梅雨时节和无风闷热的傍晚及早晨日出前，久晴后下大雨，天气温度突然变化时，最容易出现问题，要加强巡视。

（二）保持豚舍的安静，减少惊扰

黑豚胆小怕惊，对外界环境的变化非常敏感，一旦受到惊扰或是突然的高分贝噪声等，均会引起骚动和惊慌、不安、食欲不振，严重的则患病死亡。受惊吓后的妊娠雌豚容易流产；正在分娩的雌豚受惊吓会难产；有的会咬死初生仔豚；哺乳雌豚受惊吓拒绝给仔豚喂奶；正在采食的黑豚若受到惊吓侧会停止采食。因此，在日常的管理中，要做到轻、稳，避免外界的嘈杂声和突然的高音，防止鼠、猫、狗等禽畜的骚扰，并保持整体环境的清静，是养好黑豚的重要因素之一。

（三）保持豚舍的卫生和干燥

豚舍粪便和尿液产生的氨气和其他有害气体，是导致豚鼠发病及传播的主要原因，特别是采用池养的，更易潮湿及滋生细菌患病。因此，每天必须对豚舍粪便、残料及时进行清扫，清洗和消毒饲料盘，在舍内撒上草木灰、及时更换垫草，避免环境潮湿，特别是早春或梅雨季节，一定要做好通风、透气、保温、防潮工作，增加豚舍的干燥度，减少疾病的发生。

（四）豚舍温、湿度的调节

1. 温度的调节

黑豚自身调节体温的能力较弱，主要依靠场舍内的环境温度来维持其正常体温，高温和低温均可降低黑豚对疾病的抵抗力，特别是在初春和秋季，外界温度忽高忽低反复变化时，黑豚患病概率增大。适合黑豚生长发育的环境温度在 $10\sim32℃$，最适宜的生长发育温度在 $20\sim27℃$。因此，日常管理中要注意豚舍的通风透气，低温时期加温保暖，高温时期降温清凉。

（1）升温措施　低温时可舍内加垫稻草，放置木箱、泡沫箱（图6-1），加热灯管，安装燃气管道，安装空气能，加大饲养密度。小规模或是家庭式采用笼式养殖的则可用塑料薄膜将笼四周围一圈；大规模的养殖场则可安装燃气管道、采用空气能加温法等进行加温，将温度控制在 $18℃$ 以上。

（2）降温措施　在高温季节可用排风扇或电风扇加快

图 6-1　简易泡沫箱越冬保温法

空气流通，豚舍房顶喷水，加盖草帘，拉遮阳网，盖石棉瓦隔热层，舍内加装泡沫隔热层，提前种植藤蔓植物或是将豚舍外墙面刷白等，将温度控制在 30℃以下。

对于豚舍顶部较薄的豚舍，可以在顶部中间纵轴上安置一个塑料或金属水管，两侧打上小孔，在炎热的中午，通过水管向舍顶喷水，达到降温的效果。或是豚舍阳面提前种植藤蔓植物，在炎热夏季到来之前，爬上舍顶，具有良好的隔热降温效果；或养殖房周围种上阔叶树木，减少阳光直射，对降温防暑可起到一定作用。

2. 湿度的调节

黑豚适宜的环境相对湿度在 45％～55％，一般最高不宜超过 60％，最低不宜低于 40％，过高或过低均不利于黑豚的正常生长发育，易引发多种疾病。若地面潮湿，特别是南方，湿气较重，采用笼式或立体式养殖最好离地面20厘米高，池式养殖的应在池内加垫稻草，或是场内放置些木炭、撒些石灰粉在过道上，以减轻潮湿。另外，投喂的青饲料含水量不可过大，过大则增加患病概率。

（五）分区分级饲养

日常管理中应根据黑豚不同的阶段、大小、健康状况、雌雄等来判定并合理分区饲养，强弱大小分池或分栏饲养，避免打架咬伤、近亲繁殖，以及疾病的传播。因此，应将黑豚的繁殖区、商品区、育成区和后备种豚区加以区分管理，以营造良好的生存环境和繁殖环境，有利于区别和淘汰发情豚、怀孕雌豚、繁殖豚、病豚，以保证豚群的健康和提高繁殖率。

（六）多观察

在日常的饲养中还要对黑豚多观察，以便及时发现问题，并立即解决问题。日常中从黑豚的食量、毛色、粪便、活动情况以及体型等方面即可观察出黑豚是否健康或是患病。

1. 观察食量

一般情况下，按量投喂的饲料，在第二天投喂前应吃完，若剩余的饲料较多，则说明黑豚的食欲不佳，应及时查找原因，看是否是突然更换了精料的搭配或是青料带有异味或是豚已患病，发现原因及时采取相应的措施。

2. 观察毛色

正常黑豚的毛色具有光泽，乌黑发亮顺滑，且分布均匀，浓密；不正常的黑豚毛色无光、枯燥，毛长短不一、松、乱、直立或是脱毛等。

3. 观察粪便

健康黑豚的粪便大小均匀且易碎，表面光滑；不健康黑豚的粪便硬且粒小，或不成型，或稍带腥臭味或带有血丝，或颜色异常等。

4. 观察活动情况

健康的黑豚活动敏捷，相互玩斗，喜欢蹦跳、欢跳；不健康的黑豚不好动，爱睡，不主动采食，常躲在角落不动或活动少。

5. 观察体型

健康的黑豚体型粗壮饱满，四肢均匀，眼睛发亮且有神；不健康的黑豚体型发育不均，前大后小，或肚大，或脖子大，或是流眼泪，或带白眼，或有眼屎等。

（七）严格消毒

消毒是黑豚养殖场预防疾病的重要手段之一，是否将消毒工作做好，将关系到黑豚养殖的成功与失败。黑豚场内各种健康、体弱、患病豚的排泄物、细菌等在空气混浊的场内互相传染，若不及时地进行彻底消毒，豚鼠一旦发生传染性疾病，治疗不及时将造成经济损失。

每个养殖场必须建立严格的消毒制度，日常管理中每天都要对栏舍内粪便、剩余饲料清扫一次，特别是在投喂饲料前，必须将剩余的饲料、粪便和食盘进行清扫和清洗后再进行投喂。一般每隔 3 天用消毒液对豚舍消毒一次，每周对全场进行一次全面彻底的消毒，每月对场内外进行一次大清扫、大消毒，每周更换2～3次垫料。若发生传染病时，立即将病豚进行隔离饲养，并将栏舍进行彻底消毒，死亡的则拿到远离养殖场百米外深埋或是烧毁处理。

三、黑豚饲料的投喂方法

（一）投喂方法

黑豚是食草动物，对粗纤维消化率较高，若长期不供给青料或干草等植物，就会发生脱毛现象，其正常生长、发育、繁殖均受到不同程度的影响。所以投喂饲料以青粗料为主，精料为辅。投喂前要将上次投喂的剩余饲料及粪便打扫干净，饲料盘清洗后再投喂，以免剩余的饲料变质发霉造成微生物大量繁殖，黑豚进食后易导致肠道方面的传染性疾病。饲料投饲原则为四定原则：定时、定点、定质、定量。

1. 定时

黑豚的生活习性是昼夜好动，白天和黑夜都有采食行为，一般黑豚每日所需的青饲料为400克左右，精饲料为20克左右。40％～60％的饲料和饮水是在夜间进行。因此，饮料投喂时间应在早晨和黄昏这段时间。以夜间投喂为主，一般上午8：00投喂青料一次，投饲量为日投饲量的30％～40％；下午17：00投喂精料、青料一次，投喂的青料量占日投饲量的60％～70％；晚上再补喂一次青粗料（青粗料是指80％的青料，如皇竹草、黑麦草、树叶等，以及20％左右的干草料，如稻草、麦秸等）。实际投饲量以饲料剩余量为准。

2. 定点

饲料投喂时有固定的料槽，而且料槽的长度足够长，保证每个黑豚均能够自由采食，避免饲料过于集中导致黑豚争食而打斗。同时，料槽还制作成定位栏的形式，防止黑豚进入料槽，霸占料槽而影响其他黑豚的正常采食。

3. 定质

投喂前要检查饲料，以确保饲料优质无害。人工配合饲料察看有无霉变、异味；草是否新鲜，有无露水。鲜草一般可直接投喂。青草当天收割当天投喂，以保证饲料鲜活；投喂前用干净的水冲掉草上的污泥，洗净后还需要晾干；收割回来较湿的干净青草也要晾干才能饲喂。

4. 定量

每天具体的投料量还应根据天气、温度和黑豚的采食、活动情况做适当调整。当气温在 18～22℃，天气比较晴朗，风速较温和时，黑豚采食最旺盛，可多投喂；低于 5℃或高于 25℃，黑豚采食量会减少，应少投喂。遇到雨水天气，天气突变或者闷热天气，或者受到惊吓，黑豚活动少采食也少，应少投喂。天气适宜时，会增加黑豚的食欲，此时应加大投喂量。气温、湿度和天气等环境因素及黑豚自身的生长、活动都会对其采食造成影响，因此具体的投喂量以黑豚的采食情况为准，原则上以吃饱而不残留为限。

另外，常在饲料中拌入黄芪多糖、多维、EM 菌液，或是用中草药（如金银花、菊花、雷公根、蒲公英、穿心莲等）煮水拌入饲料中一起投喂，以清热解毒消炎，增加食欲，减少疾病。定时定量投喂，有利于黑豚的消化和吸收。

（二）饮用水的添加

在投喂足够精粗饲料的情况下，可以不需单独喂水，但在酷热的夏季，应提供清洁卫生的饮用水，如井水或是烧开的冷开水，并在饮水中添加维生素 C。直接给水方式最好采用鸭嘴式自动饮水器喂水，一方面比较清洁卫生，不易受到污染；另一方面可以防止黑豚玩水，以免弄湿皮毛着凉。

（三）投喂注意事项

投喂的饲料质量很重要，也是养殖成功的关键因素之一。配合的精饲料最好现配现喂；含水量多的青料和含水量少的青粗饲料可搭配饲喂；颗粒饲料直接投喂时，应供给干净水（烧开的冷水或是温水），保持食盘的清洁卫生。喂精料后，同时放入新鲜青料，青料最好当天割当天喂，带雨水露水、清洗过的青料要待晾干后再投喂，以防黑豚腹泻。黑豚对变质饲料特别敏感，常因此减食和绝食。霉变或含杀虫剂的草和饲料常可引起豚鼠中毒，甚至死亡。因此，冰冻、带霜、霉变腐烂、粪尿污染、农药污染、长期堆放的青料及不熟豆类、发芽的马铃薯、有毒或是不能确定有毒的青料均不可投喂，以免患病。红薯应清洗干净后少喂或不喂，喂多则易引起黑豚胀气。红薯苗也不可多喂，易引起拉肚子。雨季时应提前收割牧草并晾干，以免喂湿草造成黑豚感染细菌则拉肚子。

另外，由于黑豚对粗纤维消化率较高，可达 $33\% \sim 38\%$，因此要注意饲料中粗纤维含量应不低于 30%，否则可引起严重的脱毛现象。可以在颗粒饲料之外加喂一次青饲料。黑豚对日粮中不饱和脂肪酸的需求量要求较高，不足时会引起生长受阻、皮炎、脱毛、皮肤溃疡、小红细胞性贫血。因此，投喂的饲料中应添加各种微量元素。

黑豚一般拒绝苦、咸和过甜的饲料，对限量饲喂也不易适应。豚鼠经常喷射含唾液和食入物的水，而弄脏吸水管和饮水。如果用瓦罐或食盆饲喂，黑豚常常蹲在食盆中休息，排粪排尿，因此豚鼠应采用特殊的饲喂器和饮水器，如"J"形料斗和带不锈钢弯头的饮水瓶或是鸭嘴式自动饮水器。要经常消毒、更换饲喂器和饮水器。

繁殖豚鼠的饲料配方不应轻易改变。改变后，会引起拒食，在适应一段时间后才能恢复。

四、提高黑豚抗病力的措施

黑豚在人工大规模养殖时，由于饲养密度大、场内窝里的卫生状况、投喂的饲料以及环境、气温等条件的变化会使黑豚的抗病能力有所下降。加上黑豚目前没有专门的疫苗可以接种免疫，对药物也比较敏感不易长期在饲料中添加抗生素等药物进行保健。因此，养殖黑豚更应加强饲养管理，搞好清洁卫生，做好细节来提高黑豚的抗病力。

(一) 科学饲养

黑豚是食草动物，野生状态下的黑豚主要吃草。因此，人工养殖中其饲料应以青粗饲料为主，适当搭配精料。人工养殖中有的养殖户为了提前上市，全部喂精料，这样不但增加了饲养成本，而且还使黑豚出现诸多问题，不易饲养成功。因此养黑豚之前，首先要把牧草种好。在投喂饲料过程中，精料、青料的搭配要合理，营养要全面，黑豚的日饲料量中，青料占70%，精料占30%。可不定时地在精料中加入黄芪多糖、EM菌液、各种维生素以及微量元素等一起投喂，或是用金银花、野菊花、车前草、雷公根、苦艾等中草药煮水拌料投喂，以提高黑豚的机体免疫力，对带露水、清洗后未晾干、堆放过久、发霉变质的青精料不投喂，从而减少疾病的发生。

（二）精心管理、做好细节

黑豚对环境的变化比较敏感，如温度、湿度、有害气体等变化。温度急骤改变，常可危及幼鼠生命，使雌豚流产和不能分泌乳汁，甚至大批死亡。保持饲养环境中有足够的新鲜空气也很重要，所以在养殖黑豚过程当中，春冬季节要注意防寒保暖，夏天注意降温，特别是刚出生的仔豚更是如此。保温的同时要注意在天气温暖的时候适当进行通风换气，以防有害气体过多引起呼吸道疾病。同时要定期清除过脏的垫料、打扫卫生，定期做好消毒工作，用不同的消毒药水交替进行消毒，最好3天对豚窝进行一次消毒，1周对全场进行一次消毒。并做好灭鼠、灭蚊等工作，老鼠不仅可以传播疾病，也是黑豚的天敌。

（三）注意补充维生素C

由于黑豚体内不能合成维生素C，体内贮存的维生素C在4天内消耗一半，即其半衰期为4天，若黑豚缺乏维生素C，则会引起坏血病，导致豚鼠跗、肘关节肿胀、胸骨软骨部分膨大、行动困难、体质衰弱，并易感染细菌性肺炎、急性肠炎和霉菌性皮炎等，导致生殖机能降低、发育不良、抗病力低，甚至引起死亡。因此，饲料中一定要注意维生素 C 的补充。一般豚鼠维生素 C 需要量为每 100 克体重每天需要 1 毫克，在生长、妊娠、泌乳期间和受到应激时，实际每天每 100 克体重需要 15～25 毫克。

（四）做好驱虫工作

寄生虫给黑豚带来的危害是非常大的，若不做好预防和及时治疗，传染病可以使你全军覆没，寄生虫病可以让您的养殖利润尽失。在春冬季节黑豚容易患寄生虫病，寄生虫可以破坏黑豚的防御屏障，其他病原体可以乘虚而入。寄生虫可以吸食黑豚的血液等，严重的引起死亡。因此，驱虫工作要引起重视，可以在冬季对全场黑豚进行一次驱虫，注意怀孕雌豚不能使用伊维菌素。

第二节　黑豚不同季节的饲养管理

一、春季的饲养管理

春季是雨水较多的季节，空气潮湿，也是有害细菌繁殖和传播旺盛期，此时期气温变化较大，特别是早春早晚温度忽高忽低，十分不稳定，易造成黑豚感冒、肺炎等疾病的发生。因此，春季的管理应以防病、防潮湿、防寒保温为主。并抓紧繁殖，保持一定的密度和室内环境卫生。

春季投喂的青料一定不要收割回后立即投喂，待表面没有水分后方可投喂，霉烂变质的饲料不可投喂。阴雨天应少喂含水分多的青料，多喂干青粗料。注意早晚保温。并经常用中草药，如菊花、金银花、车前草、大蒜等煮水或用EM菌液、黄芪多糖拌入饲料中投喂，以提高黑豚的免疫力，从而减少疾病的发生。

其次，豚场及豚舍要做好防潮防菌、清洁卫生工作。保持豚舍干燥通风，可通过撒生石灰等方法使潮湿的豚场干燥。投喂料前应将上餐剩余的精料清扫干净，饲料盘用消毒溶液浸洗后再进行投喂。

二、夏季的饲养管理

夏季是一年当中温度较高的季节，黑豚在高温下会烦躁不安，呼吸加速，采食减少，造成营养供应减少，影响生长；雄豚精液质量下降；妊娠中后期的雌豚在高温下很容易受到热应激而易产死胎、弱胎、流产甚至死亡；哺乳期的雌豚乳汁量减少等。因此，夏季降低场舍内气温非常重要，要认真做好防暑降温工作，加强室内通风，保持室内清洁干燥，及时清除粪便，降低密度，严格消毒，加强营养，或是在精料中增加维生素的含量，或是喂以清热消暑的绿豆水，或是在饮水中加少量的金银花水、藿香、雷公根、野菊花、苦艾、EM菌液、食盐等，以减少黑豚对高温的热应激，保持黑豚的体质稳定。增加青绿多汁饲料的投喂量，并保证黑豚有足够的饮水。夏季也是蚊子、苍蝇繁殖旺盛期，在保持豚场干净卫生的同时，还应做好防蚊防蝇工作，避免传播疾病。

三、秋季的饲养管理

秋季由于白天气温高，早晚温差大，也是黑豚感冒、肺炎等疾病的高发时期。因此，秋季的管理应注意防病、早晚的保温工作，特别是刚出生的仔豚，早晚温差大极易导致死亡。晚上应关好门窗，白天应注意保持室内通风，以及地面、笼具、食具的清洁，拟好繁殖计划，多备青绿饲料，种豚应增加蛋白质及微量元素的投喂，避免投喂变质饲料。秋季南方应种植黑麦草，为冬季做好青粗料的贮备。

四、冬季的饲养管理

冬季由于气温低，天气寒冷，黑豚容易因低温导致季节性感冒等疾病，加之冬季青饲料少，对黑豚的生长发育极为不利。因此，冬季的管理工作主要是做好保暖工作、预防疾病以及保证投喂的饲料营养全面。豚场舍应适当封闭门窗，防止风进入，并增加能量饲料的投喂量，提高黑豚的饲养密度。由于黑豚的尿液、粪便多，应常清扫豚池和更换稻草等保温垫料，中午温度稍高时，可打开门窗20分钟左右进行通风换气。

由于冬季青绿饲料供应不足，可用胡萝卜、干草、白菜叶等补充，并适当增喂鱼粉、糠麸、玉米类等高能量精饲料，添加金赛维、黄芪多糖等，以提高抗病力。另外，由于冬季气候干燥，如室内空气相对度低于40%时，应及时向地面洒少许水，保持空气相对湿度在45%～55%即可，室温应保持在18～22℃之间。

第三节　黑豚不同阶段的饲养管理

一、妊娠雌豚的管理

　　妊娠期的雌豚管理主要是供给充足的营养和保持豚舍安静，预防流产。因此，雌豚妊娠期内少打扰，少捉拿，避免过大的声音刺激和家禽畜及天敌的撞入，增加营养，以免孕豚受惊和营养不良而造成流产。

　　妊娠期雌豚所需的营养要比平时多，其摄入的营养不但要维持自身的营养需要外，还要满足胚胎的发育。妊娠期的雌豚所需要的营养物质以蛋白质、矿物质、维生素以及各种微量元素最为重要。蛋白质是构成胎儿的重要营养成分，钙和磷是胎儿骨骼生长不可缺少的物质，如果饲料中的蛋白质含量不足，出现死胎的概率较大，初生仔豚的体重低，成活率低。若是矿物质、维生素 C，以及其他微量元素不足，则易导致畸形、流产或死胎。因此，妊娠期的雌豚要投喂营养全面均衡的饲料，才能满足雌豚和胎儿的需要。在雌豚妊娠后期，由于胎儿的生长速度较快，所需的营养物质要比受孕前期大，在补给营养时可由前期至后期逐渐增多。临产前期的孕豚应补给充足的青粗饲料，产前 1 周最好用母仔宝拌料投喂，产后的仔豚不易患病，雌豚奶水足。

　　雌豚交配成功或是怀孕后要及时地将雄豚分离饲养，并保持豚场的安静，若妊娠期的雌豚突遇惊吓、随意捉拿、挤压、突然改变精饲料的配方或是投喂腐败发霉变质的饲料，或是感冒等疾病，均可引起流产。因此，妊娠期雌豚的饲料要新鲜、清洁，不得随意更换。场内的温、湿度应控制在适合的范围之内。发现疾病经仔细查明病因后，使用的药物必须是注明孕畜可用才能使用，尽量少用或是不用抗生素和驱虫药，发现有大脖子病的雌豚，等雌豚产仔后再进行手术治疗，产下的仔豚一律当做商品豚，不得用作种豚，雌豚则做商品豚处理。

二、分娩、哺乳期雌豚的管理

雌豚分娩及哺乳期的管理主要是少惊扰，加强营养，保暖。此时雌豚体能和营养消耗较大，要多投喂含蛋白质及维生素较多的饲料，特别是维生素 C 要比平常多。饲养管理是否用心，决定了雌豚的健康好坏和幼豚的发育及成活率的高低。为了雌豚能顺利分娩，在产前 1 周用母仔宝拌料投喂，产前 3 天补充多汁的青粗饲料，避免雌豚因分娩引起的体液流失。如果乳头发育不明显，提前投喂催奶药物，使其乳腺尽快发育，保证产后奶水充足。产前准备清洁的垫料，并对产池进行消毒，防蚊防天敌，注意温、湿度的变化。

雌豚多在夜间进行分娩，一般分娩后的雌豚会做好护仔工作。雌豚分娩时，背部隆起，仔豚按顺次脐带连着胎盘一起产出。分娩完成后雌豚会咬断脐带，将胎盘吃掉，舔干仔豚身上的血迹。分娩前最好在产池内放置一些牛奶，让雌豚产完仔后能及时地补充水分。雌豚产仔的过程中，有的雌豚会出血较多，应给雌豚注射一针止血剂（酚磺乙胺注射液）。产后 1 周给雌豚补充红糖水、豆浆或是牛奶，让雌豚体质尽快恢复。

仔豚出生后应立即进行保温。由于雌豚产仔后有强烈的护仔行为，因此，在雌豚分娩结束后，管理人员最好不要去拿仔豚，除非太弱的仔豚，需要拿开隔离进行特别护理，也不要立即对产池进行清洁或消毒，否则易引起雌豚的不安全感，出现咬仔行为，待产后1天雌豚的情绪稳定后再进行清洁卫生工作，清洁时也要注意，动作要轻。分娩豚池的垫料最好使用发酵垫料，不但有利于仔豚的保温，还可避免因换垫料、清扫粪便而引起雌豚不安。

虽然雌豚只有1对乳头，泌乳能力较强，可将所生的仔豚全部带活。饲养管理人员在雌豚产仔后要经常检查雌豚哺乳仔豚的情况。若雌豚分泌的乳汁多，一般仔豚吃饱后腹部胀圆。若雌豚乳汁不通或是分泌不足，则仔豚腹部干瘪，毛色灰暗无光，乱抓乱爬，长时间发出"吱吱"的叫声，仔豚的叫声会由开始时的大声逐渐变小，雌豚也会烦躁不安。由于乳汁不足，仔豚的牙齿尖而小，频繁咬乳头，甚至咬伤乳头，烦躁的雌豚则会将仔豚咬死。因此，发现雌豚乳汁少时，要采取人工辅助哺乳方法饲养仔豚。

由于雌豚有互相哺乳的习性，若发现雌豚乳汁少时，可找产仔少的雌豚代喂或是进行人工哺乳。用产仔少的雌豚代哺乳前，在雌豚和仔豚身上喷上一些香水或是酒，让其互嗅不出异味，否则性情不好的雌豚会拒绝给仔豚哺乳。人工哺乳即用针筒或是眼药瓶清洗消毒后，吸取稀释的牛奶或是用豆浆与鸡蛋配制的营养液，然后将瓶口放入仔豚口中轻轻压挤，或是在针筒前端装一条。细软管即可，慢慢推入仔豚口中即可，注意不得推入过急。每天哺乳 2～3 次，初喂时喂量不可过多，一般每次量在 8 毫升左右，随着仔豚的增长，可逐步增加喂量，直到仔豚能单独吃料为止。仔豚能单独采食青料时，应投喂新鲜且嫩的青料。黑豚采食新鲜且嫩的青料，生长速度则比食老的青料稍快些。

雌豚产仔后，豚舍内的温度应保持在 20～27℃，最低不得低于 18℃，若是采用电热加温的，最高不得高于 32℃，若是温度过低，可在舍内采用简单的加温方法，即在仔豚池上方开黑光灯进行加温保暖。刚出生的仔豚一定要保温，一般仔豚从离开母亲后应进行全保温半个月，半保温半个月，脱温半个月，以提高成活率。

三、幼仔豚的管理

一般断奶后 1 个月的幼豚称为仔豚，幼豚在哺乳 20 天后即可断奶，对发育不好或是生长过慢的则需推迟断奶的时间。若是选择为后备种源的，断奶时间则可推迟到 30 天。断奶后的仔豚应按雌雄、强弱和大小分开饲养，分开养的仔豚可每平方米养 10 只左右，待仔豚性成熟后，再将其分开饲养，减小养殖密度。投喂给仔豚的青料应鲜、嫩、高营养及易消化。由于仔豚夜间活动量大，营养消耗也大，因此，在投喂饲料时白天少投，晚上多投。仔豚每日需要的青料在 150～200 克，精料在 15～20 克，遇到干燥的天气，可在精料中多加水拌匀投喂，或是专供给干净的饮水，最好是冷开水，并注意保温。由于幼仔豚的抗病力弱，投喂的精料里适当加些黄芪多糖等，以提高其免疫力，并不定期地用金银花、菊花、鱼腥草等中草药煮水拌料投喂，以预防幼豚肺炎的发生。

四、成体豚的管理

体重达到 0.25 千克以上的黑豚即为成体豚，此时要建立系谱，公母分开饲养，方便管理并防止近亲繁殖或是早配。成体豚的饲料主要以青粗料为主，精料为辅。成体豚日需要的精料量为 25 克左右，青粗料为 250～300 克，白天少投，晚上多投，最好做到定时定量投喂，有的养殖户投喂的青料不断，让豚自由采食。平时要注意观察黑豚食量是否正常，粪便的表面是否光滑、均匀易碎，毛色是否有光泽、分布均匀、乌黑发亮，活动是否敏捷、蹦跳、玩斗，体型是否粗壮饱满、四肢均匀、眼睛发亮等。若不正常则要及时找出原因，及时对症采取补救措施。

经过一次选育后的成体豚需进行二次选育工作。将选种淘汰下的黑豚全作为商品黑豚放入大池中进行饲养。选留种时，一定要选择优良个体作为父母鼠，其标准如下。

（1）体态丰满硕长，营养良好，骨骼粗壮结实。

（2）毛色光亮，被毛洁净密实。

（3）体躯呈流线型，头、颈、胸、腹、臀结构紧凑，行动敏捷活泼。

（4）眼明亮，无分泌物。鼻潮湿，无脱毛现象。呼吸平稳。

（5）皮肤柔软有弹性，无皮肤病。

（6）雄豚睾丸对称，阴囊皮肤细致，阴茎发育正常。雌豚外阴洁净，乳房发育良好，乳头突出。

留种的豚鼠饲养管理与繁殖豚鼠基本相同，但要注意营养适度，以免过度肥胖，导致不孕。

五、种豚的管理

季节性变化的天气、饲料营养以及环境等多方面因素，均会对种豚配种产生一定的影响。如夏季高温酷热，种豚很少主动交配，即使交配雄豚因精子质量低，受孕成功率也较低。冬天青料缺乏，营养不足造成种豚的体质下降、过瘦，雄豚精子成活率低，雌豚生殖系统发育不好，或是雌豚过肥，即使交配也极易发生不孕或产仔少，或是授精成功率低。若雌豚营养不良，过瘦，即使受孕后也会容易流产，或是造成胎儿营养不良，影响仔豚的健康。因此，种豚的管理一定要给其创造良好的环境和投喂营养全面均衡的饲料。

雌豚在怀孕期间所需的营养物质，除了维持自身的正常需要外，还要满足胚胎发育的需要。种雄豚同样如此，除了维持自身的营养需求以外，还要进行配种。

种雌雄豚在交配前 20 天可适当多喂一些精料和维生素 E、亚硝酸钠，并提供足够的营养物质，保证种豚对蛋白质、矿物质以及维生素的需要，特别是维生素 C 的量，要比平时稍增加。在怀孕前期可适当多喂一些青料，如紫色皇竹草、胡萝卜、南瓜汁、紫花苜蓿、马铃薯等。精料中的蛋白质要比平时适当增加，如鱼粉、豆粕、骨粉等。青粗饲料、精饲料一定要合理搭配，营养全面。若营养供应不足或是不全面，则易造成怀孕雌豚产死胎、弱胎或是流产，产后雌豚奶水不足，导致死亡率高。

营养物质是否全面足够，决定了种雄豚的配种能力。

种雄豚的配种能力取决于精液的质量和数量，而精液的质量好坏和数量的多少取决于营养物质的多少和好坏，特别是蛋白质、矿物质和维生素等营养物质。若是蛋白质饲料不足，则会引起精液质量和数量的下降。因此，在配种前，应在雄豚的精料中增加鱼粉、黄粉虫粉、黄豆粉、蛋黄粉、豆粕等含蛋白高的精料，即可提高种雄豚的精液质量和交配受孕率。若长期投喂的矿物质不足，黑豚摄入的钙、锌不足，则易造成种雄豚四肢无力，缺乏维生素同样会使精液质量受到影响。

种豚应每年注射三联疫苗（目前还没有黑豚的专用疫苗，一般采用兔子疫苗）。

配种期的种豚，投喂的青粗料应供应充足，且不要断，让其自由采食。不可突然变换饲料，以免造成黑豚肠胃不适。

第七章 黑豚的疾病防治

第一节 豚病发生的原因及诊断

一、黑豚疾病发生的原因

在人工养殖黑豚的过程中，黑豚疾病的预防和治疗是否成功，直接关系到人工养殖黑豚场（户）的养殖成功及发展。虽然黑豚的抗病力强，但在人工饲养条件下，黑豚患病的概率往往要比自然界的黑豚大得多。在人工养殖条件下，由于不注重豚场、豚舍的环境卫生，以及投喂的食物、饮水不卫生或是投喂携带着大量细菌、病原体的带露水的青饲料或是发霉变质的精料，均会直接导致一些细菌的繁殖，黑豚感染后而患病。另外，为提高经济效益，大多数养殖场黑豚养殖密度较大，这样一来，黑豚的活动范围就小，得不到充分的伸展活动，无形中就降低了黑豚的抗逆性，增加了黑豚患病概率。而冬季由于天气因素黑豚机体对疾病的抵抗能力低，另外，春季温度忽高忽低不稳定，以及梅雨期湿度大，地面潮湿，也是导致黑豚患病的重要因素之一。因此，养殖场（户）在养殖生产过程中，应对黑豚场进行严格的管理，制定并实施完善的卫生管理制度，以"预防为主，防重于治"的原则为主。

二、对病豚的诊断观察

检查黑豚是否健康或诊断是否患病，最基本的方法就是对豚体进行触摸和对外观及粪便进行观察，有条件的养殖场还可对严重病豚进行解剖检查病理变化和进行化验检查及细菌培养检测，从而确定病因及使用对症药物。

（一）观察

通过观察黑豚的精神状态、采食情况、体质胖瘦、皮毛是否光泽乌黑发亮、警惕性、粪便成色、鼻部、嘴部、眼睛、口腔、四肢、生殖器官等，判别其是否与健康黑豚有异样，从而可判断出带病豚。

健康的豚鼠被毛有光泽、平滑、明亮；两眼明亮度机警；食欲强，进食速度快；警惕性高，听觉和嗅觉极为敏感，一旦稍有响动就四处乱窜；粪便呈椭圆形，草黄色。不健康的黑豚多为精神不振，伏卧于角落处不爱动，闭目无神，食欲差，进食慢或拒食；皮毛无光泽，粗乱；粪便稀薄，肛门边潮湿；患球虫病、痢疾的黑豚，其粪便中带血和透明黏液，粪便有腥臭味；鼻流黏液；咳嗽，局部性脱毛，流眼泪，有眼屎，带白眼，皮肤松软等。

（二）触摸

对精神不佳或反应慢的黑豚用手进行全身或患病局部仔细触摸，发现和了解被检组织或器官的状态及实质；对患病的豚鼠体温、弹性、反应性、形态及患病大小范围、皮肤有无损伤、有无寄生虫、肚子是否膨胀、病变位置等进行触摸来判断。

若发现有异常现象的黑豚要将其进行隔离加强观察、治疗。并及时检查场内的温度、湿度、卫生、通风、食物等是否处在适宜黑豚生长的范围内，若有变化应及时调整。

第二节　黑豚疾病的预防及常用药

一、黑豚疾病的预防

黑豚疾病的预防工作是否到位，将关系到黑豚养殖的成败、豚场的发展持续和经济效益，是黑豚养殖工作中的重要环节，必须列入养殖工作的日程中。规模化的黑豚养殖场一定要依照黑豚的生活习性，创造有利于黑豚生长发育的温、湿度及生活环境。一定要建立一套健全、安全可行的卫生、消毒、疾病防疫制度。

在人工养殖下，为求经济效益，很多养殖场豚鼠养殖密度较大，特别是一些发展不断扩大，而豚舍无法得到扩大的养殖场，其养殖密度就更大，加之不注意疾病的预防，使得一些疾病的病原也在不断地蔓延，因此，无论是新建的场舍还是旧房改造的豚舍，在引入种豚前全场必须经过消毒杀菌处理。养殖场及养殖舍门前应设有消毒区，进入养殖豚舍内的一切人员一定要换鞋或是进行消毒处理方可进入。

对豚场进行综合性消毒是预防措施中的重要手段。对养殖场及养殖舍内、外用消毒液或是中草药定期进行消毒预防，同时保持豚舍周围环境清洁、卫生、干燥、通风。

栏舍内的排泄物及吃剩的饲料每天清扫一次，3～5 天用消毒液对豚舍进行一次消毒，半个月至 1 个月对全场进行一次全面清扫及消毒，对栏舍进行消毒时最好使用两种以上的消毒液进行消毒，方能有效地消灭传染源散播于外界的病原微生物。若发现有传染性疾病时，应及时将病豚隔离，对污染过的栏舍、食盆等进行彻底消毒，以切断各种传播媒介，并对健康豚鼠采用药物进行预防，如豚鼠在梅雨季节易患感冒，使用板蓝根煮水或是板蓝根冲剂等中成药拌入精料中饲喂即可预防和治疗感冒，同时采用艾叶煮水对全场进行喷洒或熏。

购入的饲料要符合卫生标准，严防投喂发霉变质的精料，青草要卫生，收割回的牧草等青料最好洗干净，待水晾干后再投喂，早上收回的带有露水的青料由于带有细菌，也不可直接进行投喂，需晾干后再喂，否则易患肠道方面的疾病。

加强饲养管理，饲料要营养全面，平时可在精料中加入少量的 EM 菌液及黄芪多糖等增强黑豚体质，提高黑豚的自身抗病能力。

二、黑豚的常用药

（一）消毒类

消毒药品种类繁多，按其性质可分为醇类、碘类、酸类、碱类、卤素类、酚类、氧化剂类、挥发性烷化剂类等，下面主要介绍饲养场及对豚体常用的几种消毒药。

（1）氢氧化钠　又称苛性钠、烧碱或火碱，属碱类消毒剂，粗制品为白色不透明固体，有块、片、粒、棒等形状；成溶液状态的俗称液碱，主要用于场地、栏舍等消毒。2%～4%溶液可杀死病毒和繁殖型细菌，30%溶液10分钟可杀死芽孢，4%溶液45分钟杀死芽孢，如加入10%食盐能增强杀芽孢能力。日常中常以2%的溶液用于消毒，消毒1～2小时后，用清水冲洗干净。

（2）生石灰　碱类消毒剂，主要成分是氧化钙，加水即成氢氧化钙，俗名熟石灰或消石灰，具有强碱性，但水溶性小，解离出来的氢氧根离子不多，消毒作用不强。1%石灰水杀死一般的繁殖型细菌要数小时，3%石灰水杀死沙门菌要1小时，对芽孢和结核菌无效。日常中直接撒在阴湿地面、粪池周围及污水沟等处吸湿、消毒。

（3）赛可新　酸类消毒剂，主要成分是复合有机酸，用于饮水消毒，用量为每升饮水添加1.0～3.0毫升。

（4）农福　酸类消毒剂，由有机酸、表面活性剂和天然酚混合而成。对病毒、细菌、真菌、支原体等都有杀灭作用。常规喷雾消毒作1：200倍稀释，每平方米使用稀释液300毫升；多孔表面或有疫情时，作1：100倍稀释，每平方米使用稀释液300毫升；消毒池作1：100倍稀释，至少每周更换一次。

（5）醋酸　酸类消毒剂，用于空气熏蒸消毒，按每立方米空间3～10毫升，加1～2倍水稀释，加热蒸发。可带畜、禽消毒，用时需密闭门和窗。市售酸醋可直接加热熏蒸。

（6）漂白粉　卤素类消毒剂，灰白色粉末状，有氯臭，难溶于水，易吸潮分解，宜密闭、干燥处储存。杀菌作用快而强，价廉而有效，广泛应用于栏舍、地面、粪池、排泄物、车辆、饮水等消毒。饮水消毒可在 1000 千克河水或井水中加 5～8 克漂白粉，10～30 分钟澄清后即可饮用；地面和路面可撒干粉再洒水；粪便和污水可按 1：5 的用量，一边搅拌一边加入漂白粉。

（7）二氧化氯消毒剂　卤素类消毒剂，是公认的新一代广谱强力、高效安全的消毒剂，杀菌能力是氯气的 3～5 倍；可应用于豚体、饮水、饲料消毒保鲜、栏舍空气、地面、设施等环境消毒、除臭；具有安全、方便、消杀除臭作用强的优势。

（8）消毒威（二氯异氰尿酸钠）　卤素类消毒剂，使用方便，主要用于养殖场地喷洒消毒和浸泡消毒，也可用于饮水消毒，消毒力较强，可带畜、禽消毒，也是目前多数黑豚养殖场常用的消毒药物。

（9）氯毒杀　卤素类消毒剂，使用与消毒威相同。

（10）百毒杀　双链季铵盐广谱杀菌消毒剂，无色、无味，无刺激和无腐蚀性，可带畜、禽消毒。配制成万分之三或相应的浓度用于畜禽圈舍、场地、用具消毒，万分之一的浓度用于饮水消毒。

（11）东立铵碘　双链季铵盐、碘复合型消毒剂，对病毒、细菌、霉菌等病原体都有杀灭作用。可供饮水、环境、器械等消毒；饮水、喷雾、浸泡作 1：（2000～2500）倍稀释，发病时作 1：（1000～1250）倍稀释。

（12）菌毒灭　复合双链季铵盐灭菌消毒剂，具有广谱、高效、无毒等特点，对病毒、细菌、霉菌及支原体等病原体都有杀灭作用；饮水作 1：（1500～2000）倍稀释；日常对环境、栏舍、器械消毒（喷雾、冲洗、浸泡）作

1：（500～1000）倍稀释；发病时作 300 倍稀释。

（13）福尔马林　醛类消毒剂，是含 37％～40％甲醛的水溶液，有广谱杀菌作用，对细菌、真菌、病毒和芽孢等均有效，在有机物存在的情况下也是一种良好的消毒剂。缺点是有刺激性气味。以 2％～5％水溶液喷洒墙壁、地面、料槽及用具消毒；房舍熏蒸按每立方米空间用福尔马林 30 毫升，置于一个较大容器内（至少 10 倍于药品体积），加高锰酸钾 15 克，事前关好所有门窗，密闭熏蒸12～24 小时，再打开门窗去味。熏蒸时室温最好不低于15℃，相对湿度在 70％左右。需注意带有黑豚的场舍不可进行密封消毒。

（14）过氧乙酸　氧化剂类消毒剂，纯品为无色澄明液体，易溶于水，是强氧化剂，有广谱杀菌作用，作用快而强，能杀死细菌、霉菌芽孢及病毒，不稳定，宜现配现用。0.04％～0.2％溶液用于耐腐蚀小件物品的浸泡消毒，时间 2～120 分钟；0.05％～0.5％或以上浓度的溶液喷雾，喷雾时消毒人员应戴防护目镜、手套和口罩，喷后密闭门窗 1～2 小时；用 3％～5％溶液加热熏蒸，每立方米空间 2～5 毫升，熏蒸后密闭门窗 1～2 小时。

（15）碘酊　专用于皮肤消毒，对黏膜和创伤皮肤有刺激性。

（16）龙胆紫药水　用于皮肤外伤、口腔炎、黏膜的消毒，直接用 1％～2％的紫药水进行消毒即可。

（17）双氧水（过氧化氢溶液）　含 3％过氧化氢，为无色透明液体，遇有机物可迅速分解产生泡沫，加热或遇光即分解变质。在与组织过氧化氢酶接触后分解出初生态氧而呈杀菌作用，主要用于消毒、防腐、除臭。0.5％～1％溶液用于冲洗口腔黏膜；1％～3％溶液用于冲洗化脓创面。

（二）驱虫类

除癞灵、内外杀虫王、左旋咪唑、精制敌百虫、灭虫灵、驱虫净、肠虫清、丙硫苯咪唑等。

（三）抗菌类

氟苯尼考粉、链霉素、青霉素、庆大霉素、红霉素、氯霉素、复方黄连素、先锋霉素、诺氟沙星、恩诺沙星、磺胺及磺胺增效剂、蒙脱石等，主要用于豚的肺炎、肠炎、口腔炎、食物中毒等病症。

三、豚病的给药方法

1. 注射法

即在黑豚颈部进行皮下注射或是大腿内侧肌内注射，药液进入豚体的药量准确，且吸收快，见效快，用药量少（图 7-1）。

2. 口服法

主要是将要喂的药量捣成粉状混合于玉米粉等精饲料中拌均匀，再把拌有药的玉米粉混合料加入更多的精料中，多次搅拌均匀后即可投喂给黑豚。此方法药量较大，适用于大面积群体投药，一般用于豚场的免疫、疾病预防。

3. 灌喂法

对于不进食或是个别患病严重的黑豚进行的一种人工

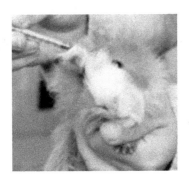

图 7-1　黑豚的注射法

灌喂方法。灌喂法操作较麻烦，且不太安全，若操作不当易将药物灌入气管中，从而导致黑豚死亡。

4. 外擦法

黑豚之间因打架引起的外伤或是体表有寄生虫时的一种给药方法，主要是对伤口用双氧水或碘酊消毒，黑豚因有寄生虫脱毛，可将杀虫药物喷于体表。

四、黑豚疾病用药的注意事项

1. 禁止使用过期失效的药物

使用粉针剂抗生素时，如链霉素、青霉素、庆大霉素等，应现用现配，且稀释后的药放置超过 24 小时禁止使用。

2. 注意配伍禁忌

链霉素和氯霉素、磺胺类和土霉素、青霉素和四环素等，有明显的对抗作用，不可配合使用。若配合使用，不但起不到预防治疗的效果，还可能引起黑豚中毒而死亡。即使可以配合使用的抗生素，必须使用两种或两种以上时，应单独稀释，分开注射，不可盲目混合使用。

3. 注意用药剂量

豚鼠对青霉素、四环素、杆菌肽、金霉素、红霉素等抗生素类药物反应大，较大剂量用药后常可引起急性肠炎，甚至致死。这是由于豚鼠肠道正常微生物菌群是革兰阳性菌如链球菌占优势，抗生素使革兰阳性菌明显减少，从而促使对豚鼠特别不利的革兰阴性菌大量繁殖，产生内毒素所致。一次肌内注射 5 万单位的青霉素能杀死 75％以上的豚鼠，死亡发生在注射后的第 4 天，原因是小肠结肠炎、大肠杆菌型菌血症或细菌内毒素中毒。

4. 慎用土霉素

由于黑豚为食草动物，其采食的草料，除靠消化液消化外，还要靠胃肠中的微生物帮助消化。口服土霉素和四环素后，可引起黑豚厌食、肚胀、腹泻等消化系统紊乱疾病，还有胃肠中存在非致病菌和致病菌两种细菌，平常两者互相制约，维持平衡。而内服土霉素和四环素后，敏感菌群受到抑制，耐药菌群则乘机大量繁殖，如黄色的葡萄球菌、真菌和大肠杆菌等增多，严重危害机体，从而引起肠炎、肺炎和败血症等疾病。同时，肠道中的 B 族维生素、维生素 K 的合成也受到破坏，造成维生素缺乏症。因此，患病的黑豚在治疗和预防中应少给或不给土霉素和四环素。

第三节　黑豚常见疾病的防治

黑豚生命力极强，一般正常管理条件下不易感染，但是决不能忽视对黑豚疾病的预防工作，若投喂发霉变质饲料，喂料时有时无，青料不干净，营养不全，管理粗放，均会导致疾病发生。因此，养殖中应牢记"防重于治"的方针。黑豚的常见疾病有以下几种。

一、巴氏杆菌病（出血性败血病）

巴氏杆菌病一年四季均可发生，但多发生于气温变化较大的春秋两季以及潮湿和无风闷热的环境中，呈流行性，死亡率较高。

（一）病因

由于黑豚鼻腔黏膜中有巴氏杆菌存在，因而不表现临床症状，当豚舍卫生差、通风不良、饲养密度过大、营养不均衡、豚舍内氨气浓度高、用有机粉尘作垫料、突然改变饲料或是长途运输及寄生虫等致使黑豚的抗病力下降，黑豚体内病菌便迅速繁殖，当巴氏杆菌繁殖增多超过一定的量即迅速致病，引起鼻腔瓣膜发炎，鼻内分泌出脓样黏液，并常继发肺炎、气管炎等，死亡突然。

（二）症状

（1）急性败血症型　无任何症状突然死亡，病性缓者体温升高，精神不振，少食或拒食，鼻流黏液及带血脓液，嘴巴流血，带泡沫，少数伴有腹泻及粪便带血，通常在1天左右因虚脱而死亡，死前发抖、抽搐，体温稍降。

（2）肺炎型　随病情发展程度不同其症状也有所不同，早期病豚感冒，常打喷嚏，先是流眼泪，有眼屎，流出浆液性、黏液性或脓性鼻涕。炎症发展到中期时，走路拖着腚，肚子皮下水肿，出现干咳，呼吸困难，只能张口呼吸，精神不振，拒食，腹泻带血，解剖后肝发黑，未变小。当肺炎发展到后期时，严重时出现战栗、痉挛和瘫痪等症状而死亡，解剖肝脏变硬，缩小，腹水严重。

（3）结膜炎型　患病后黑豚眼睑含泪，结膜带白，分泌物由浆液性转为黏液和脓性，眼睑肿胀并常被分泌物粘住，解剖死豚，可见呼吸道及肺部充血、出血，鼻腔、喉、气管充满黏液。

（三）预防

（1）科学管理　豚舍应注意保持清洁卫生，干燥通风，冬天保温，夏天避暑防闷热，防潮防寒，饲养密度不宜过大，防止冷风直接吹入豚舍，定期对豚舍进行消毒，精、粗料搭配合理，营养全面，平常在精料中添加黄芪多糖、EM菌液、复合维生素或是金银花5克和菊花3克煮水拌入精料中，以提高黑豚机体免疫力，从而预防此病。

（2）引入的种豚必须隔离饲养一段时间后再与本场的种豚一起饲养　把流鼻涕、打喷嚏或是感冒的黑豚隔离饲养、治疗，并立即用消毒威或复合碘或5％漂白粉或10％石灰乳进行全场彻底消毒。同时要严禁带有病菌或从疫区或其他场来的人员进入养殖场内，以杜绝外来传染病源。

（3）可用兔巴氏杆菌苗或禽巴氏杆菌苗作预防注射。

（四）治疗

（1）用氟苯尼考粉、泰妙菌素及磺胺嘧啶各0.2毫升，分开进行肌内注射，连用2天，严重者可用3～4天。

（2）用磺胺嘧啶0.025克溶于水中加入饲料中喂服，每天2次，连服3天。

（3）用青霉素2万～4万单位、链霉素2万～4万单位分开进行肌内注射，每日2次，连用1～4天。

（4）用庆大霉素注射液0.4毫升进行肌内注射，每日

2次，连用3天。

（5）在日粮精料中加入0.1％的氟哌酸或环丙沙星，连喂3天。

二、颌下脓肿（大脖子病）

（一）病因

由链球菌感染而引发，或为革兰阳性球菌，常成对或短链状出现。另一病原是伤寒沙门菌，伤寒沙门菌通过眼结膜途径，可导致典型的颈淋巴结脓肿和上呼吸道感染。本病通过直接接触传播。本病一年四季均有发生，主要是饲养管理不善，精、粗饲料投喂不均，受寒感冒、惊慌等应激因素导致机体抵抗能力下降而诱发，春秋两季发病率较高，多发生在成年黑豚。

（二）症状

本病的主要症状是颈部淋巴结肿大。颈部气管两侧，可见肿大的淋巴结或脓肿。病鼠消瘦，食欲减退，懒动，呼吸困难，鼻腔有浆液性分泌物，孕鼠发生死产和流产。

（三）预防

投喂的精、粗饲料搭配合理，精料不可过多投喂；严格选种配种，防止受冷感冒，尽量减少应激因素，定时消毒，每月定期投喂磺胺类药物进行预防。

（四）治疗

（1）先在脓肿突出处消毒，然后用手术刀片切开1～2厘米的切口，将牙膏状或是豆渣状的脓汁挤出，并注入3％双氧水，用消毒棉花将脓汁清除干净；再用5％碘酊

黑豚高效养殖技术一本通

消毒切口，并在切口处涂上青霉素软膏或是福利平消炎。

（2）用磺胺嘧啶钠 0.3～0.5 毫升进行肌内注射，每天 2 次，连用 3 天。

（3）用青霉素进行治疗，每只成年豚用 1 万～3 万单位进行肌内注射，每天 2 次，连用 4 天为一疗程。

由于大脖子病易复发，难根治，患病的黑豚一律不可用作种用，最好处理掉，否则传染给交配的雄豚和下一代。若是怀孕的雌豚患有此病，最好等生仔后再进行手术处理，否则容易流产。

三、肺炎

豚鼠的肺炎可由多种病原菌引起，如肺炎链球菌、支气管败血性波氏菌、肺炎克雷伯菌等。其中以支气管败血性波氏菌危害最大。肺炎链球菌为革兰阳性球菌，黑豚感染后病菌可存在于上呼吸道，当有运输等应激因素而致机体抵抗力下降时引起发病。本菌通过直接接触和飞沫传播。

肺炎克雷伯菌、支气管败血性波氏菌为革兰染色阴性杆菌，可通过直接接触或接触污染物品及呼吸飞沫而被传染。

（一）病因

由于豚舍潮湿，不通风，卫生差，饲料中维生素 C 及微量元素缺乏，使黑豚机体抵抗力下降，从而引起链球菌大量繁殖而致动物发病。而感染肺炎链球菌，可导致肺脏严重损害而死亡。

（二）症状

豚鼠拒食，可视黏膜苍白，咳嗽，呼吸有啰音，流鼻涕，被毛粗乱，消瘦。解剖肺弥漫性出血、水肿、实变，胸膜增厚，附有纤维素性渗出物，腹水增多混浊，肝肿大、脂肪变性，脾肿大。

（三）预防

豚舍常打扫，保持清洁、通风，注意天气突然变化时的保暖或降温，避免感冒，投喂营养全面均衡的饲料，注意饲料卫生，不投喂带水的青料。

（四）治疗

（1）使用人用头孢类口服抗生素拌料饲喂或灌服，用量要根据体重来计算，一般一只600克体重的黑豚每次1毫升，每天3次，配合相应的化痰、平喘药如祛痰止咳冲剂（每次1克，每日2次），一般10天左右即可治愈。

（2）用20％磺胺嘧啶1毫升进行肌内注射，早晚各一次。

遇到有病豚鼠，要马上隔离，以防相互感染，能治疗就治疗，不能治疗就淘汰。对同池黑豚要用上述药物治疗几天。

四、腹泻

腹泻又称为"拉稀"，一年四季均有发生，一般黑豚养殖场都患有此病，是黑豚感染下痢的主要症状，是多种疾病共有症状，也是黑豚养殖中一种较为常见、危害较严重的疾病。腹泻不但严重影响黑豚的生长发育，而且还可能造成黑豚死亡。

（一）病因

黑豚腹泻病因多种多样，有细菌感染（大肠杆菌）、霉菌感染、病毒感染和各种体内寄生虫感染引起肠炎等。黑豚吃了变质、冬天霜冻的青粗饲料、不易消化的精饲料及发霉发酵、带露水的青料、洗过带水的青料、雨水淋湿未干的青料，喂食过多的花生麸、麸皮，或是生食块根茎饲料过多，春季换青时嫩青草、水分重的瓜果喂得过量及饮冰冻水，食具脏，豚舍湿冷，温度忽高忽低等也容易造成肠道蠕动增强或减弱等，均能引起腹泻。

（二）症状

病豚腹部紧缩，肛门粘有粪便，食欲减退或拒食，迅速消瘦，精神不振；患病中期前只表现为排稀粪，继而转为痢疾；粪便多而稀或水样、青绿、腥臭并带黏液及脓样物，或带红色血丝。由于在治疗过程中难以得到确切诊断，若不及时治疗，常造成黑豚死亡。

（三）预防

（1）加强饲养管理，注意通风，保持栏舍干燥，加强卫生消毒工作。

（2）合理搭配精、青饲料，每日每只豚的精料在20克左右，青粗饲料在250克左右或加喂少量的干草。若每日投喂的精料多过青粗饲料，肠内发酵，容易造成菌群失调，细菌增殖，产生毒素而引发腹泻。因此，在喂精料的同时，投喂适量的青粗饲料，保持黑豚肠道内正常的微生物菌群，才能保证肠道营养的正常吸收，降低肠道疾病的发生，减少腹泻。

（3）青绿饲料要洗净晾干再喂，不喂变质霉烂的饲料，饮水要清洁无污染，最好是用烧开的凉开水喂豚，用具每天清洗一遍，定期在饲料中拌入一些抗菌剂，如磺胺脒、护肠宝蒙脱石、抗寄生虫等药物，长期在饲料中加入EM菌液、维生素C等进行投喂，可有效防治和控制黑豚腹泻。

（4）定时定量投喂食物，不可随便改变饲料的品种、投喂方式。

（四）治疗

（1）用护肠宝纳米蒙脱石1克拌入5千克的精料中饲喂。或是头孢止痢拌入饲料中投喂。

（2）发现病豚立即隔离，磺胺嘧啶注射液0.2～0.5毫升，对病豚进行肌内注射，或是链霉素5万单位进行肌内注射，每天2次。

（3）口服或肌内注射庆大霉素，口服时5万单位加水2毫升滴喂；注射用0.2～0.5毫升，每天2次。

（4）用穿心莲、黄连注射液0.3～0.5毫升进行肌内注射。

（5）用痢疾速治散每10千克精料中添加1克，每日2次，预防量减半。

五、膨胀病

腹部膨胀病又称为大肚子病、消化不良病。

（一）病因

主要是因投喂了发霉变质的食物而产生异常发酵；或是投喂了霜冻、被雨水刚淋过、带有露水、清洗过带水的青粗饲料所致；饮用污染水，采食水分含量过多的青菜；

或是突然改变饲料形式、投喂料不定时造成贪食，或者因饥饿暴食，导致消化不良，诱发此病。在春、秋季天气突变，早晚温差大，栏舍缺垫草受寒或是栏舍内过于潮湿，也可诱发此病。

（二）症状

肚腹部膨胀，主要是胃内容物滞于胃中发酵膨胀而产生大量气体，胃部逐渐膨大，呼吸急促、困难，口唇苍白，精神不振；食欲减退或拒食，用手按肚腹有胀满且柔软感，手敲有鼓音；患病后期病豚粪便变稀或呈水样，呈绿色或黄绿色，腥臭。

（三）预防

加强饲养管理，严禁投喂发霉变质的食物及被污染过的水，不喂霜冻食物，被雨水淋过、带露水的青草需晾干后再进行投喂，控制投喂水分过多的青菜瓜果，少喂红薯，平时饲料中拌入 EM 菌液投喂；合理调配好饲料，定时定量进行投喂，每天打扫豚舍，保持豚舍清洁卫生。常观察栏舍粪便情况，发现异常个体及时隔离，并采取预防、治疗措施。

（四）治疗

（1）吃了腐败变质的饲料，用护肠宝纳米蒙脱石拌料投喂豚鼠或是服用氯霉素、施得福、藿香正气液等。

（2）发现病体，立即隔离，用草药穿心莲煮水喂，连喂 2～3 天，每天 1～2 次，或是用雷公根洗净，晾干生喂，或是用萝卜汁、食醋适量内服。

（3）用山楂果、青木香、未熟橘子、六神曲、石菖蒲各 1 份，水煎灌服，效果十分好。

（4）用乳酶生、胃蛋白酶各 0.5～2 克，稀盐酸 0.5 毫升，加温开水口服。

（5）重症黑豚，可用新斯的明注射液 0.1～0.2 毫升进行肌内注射。

（6）穿刺放气（水）　当腹围明显增大，可进行穿刺把气（水）排出体外。操作时先对手术部位用碘酊进行消毒，然后注射器针头消毒后刺入黑豚腹部膨胀最明显的部位，缓慢将气（水）放出来，待腹围缩小后，为防止继续复发或感染细菌，可用鱼石脂 3 克，95％酒精 5 毫升左右，加温开水 20 毫升以原针头注入腹部，清洗后让药液缓慢流出体外，再用 5％酒精 5 毫升与青霉素、链霉素各 5 万～8 万单位稀释后注入腹部，拔出针头擦点消毒药即可。

六、口腔炎

（一）病因

机械性刺激及饲养管理因素是口腔炎的主要原因。由于黑豚进食被污染的饲料或是饲喂过热的饲料而引起口腔炎，或因啃咬硬物，致使口腔黏膜损伤而感染病菌，引起发炎，导致口腔炎。口腔炎一般在春秋季节发生较多，有局部传染的病毒性疾病，还可继发于舌伤、咽炎等临近器官的炎症。

（二）症状

黑豚发生口腔炎，口腔疼痛，有大量的唾液流出，使得嘴部、颈部和胸部被毛被唾液沾湿。因吞饮困难，食欲减退或拒食，最终因身体消瘦而死亡。

（三）预防

避免投喂粗硬带刺的青粗料，青草要清除杂质，清洗干净，减少口腔感染。发现病豚要及时隔离饲养治疗，病豚用具冲洗后放在太阳下暴晒或进行药液消毒。

（四）治疗

（1）用2‰的明矾溶液和2‰的冰片混合进行口腔清洗，清洗后用碘甘油涂抹或龙胆紫药水涂抹，每天1～2次，3天可治愈。

（2）口服维生素B溶液，每天2～3次，成年黑豚每次2毫升，幼鼠减半。

（3）口服磺胺类药物或是用利凡诺粉剂涂擦口腔溃疡处，效果较好。

（4）青霉素3万单位，链霉素0.3毫克，用灭菌注射用水或氯化钠溶液稀释进行肌内注射，每天2～3次，连用3天为一疗程。

（5）中药用五倍子、地稔、红背沙草、黄糖各一份，用酸醋同煎，然后用药棉签蘸液擦洗患处。

七、便秘

便秘是由于肠蠕动和分泌机能紊乱，使肠内容物积聚停滞，造成肠管完全或不完全阻塞，水分供应不足，肠内水分被吸收，粪便干结、变硬，排便少或排便困难，是黑豚常见的由消化道引起的腹痛性疾病。

（一）病因

饲养管理不善，精饲料与粗饲料搭配不合理，精料多，青粗饲料少，特别是含水分的青粗饲料少或长期喂干饲料，如干稻草、玉米粒等，饮水不足，长途运输，或是饲草中混有过多的毛类、泥土等，黑豚误食杂物后肠弛缓、肠蠕动减弱，运动量不足，致使形成大量粪块而引发便秘。

（二）症状

病豚精神不佳，腹部膨胀，常蹲在一边不动，少采食，患病初期排便少，而后排便困难，或数日无粪便排出，或肛门有粪堵住，粪便干硬或粪便成串珠状，少量喝水，被毛粗乱，无光泽。

（三）预防

加强饲养管理，合理配制粗青饲料、精饲料，搭配均衡，给水量充足；投喂要定时定量，防止过量贪食；饲养密度不可过大，保证黑豚有一定的运动场地；日粮中投入一定比例的食盐和各种维生素及矿物元素。

（四）治疗

（1）灌服适量食醋或 2～4 毫升石蜡或 3 毫升食油或食盐少许或三黄片等便秘药物。

（2）口服 10％的鱼石脂溶液 1～5 毫升，或是 5％的乳酸 2～4 毫升。

（3）用注射器吸 10～20 毫升温热肥皂水，脱去针头，从肛门注入，干球粪会很快排出。

八、球虫病

（一）病因
由球虫引起的黑豚体内寄生虫病，发生在温热多雨的季节。主要是黑豚采食青饲料时把球虫的虫卵孢子吞入体内，这些卵孢子进入肠道后，在胰酶和胆汁的作用下，迅速地钻进上皮细胞内，进行滋生繁殖，当球虫大量繁殖时，抵抗力差的成年豚及幼豚容易发病。

（二）症状

患球虫病的黑豚，球虫一般潜伏期为 4～5 天，一般表现为食欲不振，腹部膨胀，精神沉郁，身体消瘦，顽固腹泻，肛门周围被毛被粪便污染，粪便中带有血污，唾液和眼、鼻分泌物增多，被毛凌乱，贫血，若不及时治疗可因衰竭而死。

（三）预防

场地干燥通风、清洁，粪便要堆放在远离豚舍的地方，经常用切碎的大蒜头、旱莲草、EM 菌液、黄芪多糖、21 金维他等拌入饲料中投喂，以提高黑豚的免疫力。

（四）治疗

（1）首先区分球虫病与其他原因引起的腹泻病，确诊球虫病后，成年鼠口服 10～15 毫克氨丙啉，连服 3 天。

（2）使用芬苯达唑粉，每千克体重 5 毫克，对水后口服，不可则多，过量易导致黑豚死亡。

（3）0.05％氯苯胍与饲料拌匀后喂食。

（4）磺胺二甲基嘧啶，每千克饲料添加 0.1 克，连用 3～5 天，仔豚稍减。

（5）球虫灵、痢球灵与适量的磷酸钙混合研末，拌料投喂。

九、疥螨虫病

（一）病因

本病是由于环境不卫生引发螨虫（疥螨、痒螨、或足螨）的繁殖，寄生于黑豚体而引起的一种寄生虫病，是一种接触传染的慢性皮肤病，传播迅速。初春、秋末及冬季为疥螨多发季节，阴雨潮湿，空气不流通，气温下降或豚舍阴暗潮湿条件下易发生此病。

（二）症状

疥癣主要发生在黑豚的皮肤上，感染的黑豚一般在头部，如鼻、上唇、下颏、眼睛周围和背部深度感染，初感染时，患部皮肤充血，稍肿胀，病变部发痒、脱毛，黑豚爱用脚爪用力挠而抓破表皮，从伤口分泌出黄色的渗出物，形成硬痂。

（三）预防

加强营养均衡，日常饲料中添加微量元素及复合维生素等。豚舍保持通风、透光，定期消毒。对刚引入的种豚严格检查，隔离观察，无病后再放入饲养群。定期检查豚群，发现病豚及时隔离，对饲养过的病豚池、笼、舍进行全面消毒。

（四）治疗

（1）患病初期可用药棉蘸陈醋或樟脑油进行局部涂擦，1天2～3次；同时用伊维菌素连续拌料2～3天投喂。

（2）采用0.2毫升伊维菌素对病豚进行皮下注射，仔豚可用伊维菌素喷剂进行喷杀；或是直接对脱毛地方用20%的杀虫菊酯喷杀，若全身均有寄生虫，不可进行全身喷扫药物，否则黑豚易出现死亡。

（3）用2%敌百虫溶液搽洗病豚患部，尽可能除去患部污垢和痂皮，7～10天为1个疗程。

（4）采用动物体外杀虫王，或是芬苯达唑粉按每千克体重5毫克对水进行灌服，不可过量，否则易造成病豚死亡。

十、干瘦病

（一）病因

因日粮长期单一，缺乏维生素、营养不良或干喂，不加饮水，致使消化受阻停食，黑豚出现胃病。

（二）症状

病豚精神不振，少量采食，或拒食，或采食正常，但逐渐变瘦，若不能及时发现治疗，日久便会死亡，死亡后尸体干硬。

（三）预防

停喂干料，多喂汁多的青料和喂干净水，同时添加禽用复合维生素（新金赛维）、EM菌液（促进肠胃消化、营养吸收和提高饲料的适口性），定期投喂雷公根或一点红，任其自由采食，以促进食欲，防止干瘦病发生。

（四）治疗

（1）可补给鱼肝油或鸡蛋黄，熟黄豆拌入饲料喂，3

天后再恢复日常饲料。

（2）如体温升高，可用 2 万～3 万单位青霉素肌内注射，每日 2 次，连续 3～5 天。

十一、感冒

（一）病因

由于摄入营养不均衡，缺乏维生素，抗病力下降，在天气突变、栏舍通风不良、遭雨淋或是昼夜温差大，受寒冷刺激，抵抗力下降，呼吸道的病原微生物趁机大量繁殖，一些体质差的成年黑豚及仔豚易患此病。此病一年四季均可发生，尤其在春秋两季发生较多。

（二）症状

受寒感冒后的黑豚，精神不振，体温升高，怕冷，流眼泪，有眼屎，咳嗽，打喷嚏或流鼻涕，鼻塞，食欲减退或拒食，鼻黏膜发炎、红肿。初期流出少许浆液性鼻液，继而为黏液性鼻液，呼吸困难，舌苔泛白。若不及时进行药物治疗，则转为肺炎。

（三）预防

加强饲养管理，防止受寒或冷风直吹豚池（栏），舍内要保持干净、卫生、干爽，空气要流通，天气变化或昼夜温差较大的季节要做好保温工作，适当添加垫草，关好门窗，防止受冷风袭击，特别是刚出生的仔豚，应从仔豚出生时做好半个月的保温工作。日常投喂的饲料中添加复合维生素（新金赛维）、EM 菌液，特别是春秋季节，应添加黄芪多糖，以提高黑豚的免疫力。

（四）治疗

（1）2毫升柴胡或2毫升庆大霉素，兑100毫升水饲喂或是拌入精料中投喂，严重病豚需单独喂。或是柴胡注射液0.5毫升进行肌内注射。幼豚口服复方磺胺二甲基嘧啶散，1天1～3次。

（2）用板蓝根冲剂一小包拌料喂百斤豚，若是原药则用10克拌料喂百斤豚，大豚可用1周。

（3）采用链霉素、复方新诺明进行治疗，效果较好。

（4）用氨苄青霉素0.5毫克进行肌内注射，每天2次，连用2～3天。

（5）用青霉素3万单位与柴胡注射液0.5毫升进行肌内注射。

十二、维生素C缺乏症（坏血病）

（一）病因

维生素C缺乏症又称坏血病。由于豚鼠不能合成维生素C，当饲料中完全缺乏维生素C时，在10～20天内会出现坏血病症状，此时豚鼠抵抗力下降，易发生二次细菌感染。

（二）症状

发病早期可见豚鼠被毛逆乱、懒动、食欲减退、脱水，进而腹泻、齿龈出血、伤口愈合慢、关节肿大挫伤而跛行。一般6周龄豚鼠症状较典型。解剖可见骨膜下、皮下结缔组织、肌肉及肠道出血，长骨近端骺软骨剥离。

（三）防治

虽然许多豚鼠能够从新鲜蔬菜、水果中获得维生素C，但是为了确保豚鼠健康，可以定期给豚鼠服用维生素C咀嚼片或普通的片剂、液体维生素C。年幼、生病、怀孕的豚鼠需要额外补充维生素C。

十三、饲料中毒

（一）病因

由于饲料保管不善或放在潮湿的地方，或大量贮存，在一定的温、湿度下变质致使黄曲霉大量繁殖并产生毒素，鱼粉、豆饼、牧草长时间存放可见黄色粉尘，煮熟的玉米搁置时间长或未完全煮熟，或吃了未清洗干净喷过农药的杂草或牧草，从而引发此病。

（二）症状

黑豚食入含有黄曲霉毒素的饲料后，食欲明显减退，消化紊乱，出现便秘、腹泻，严重的鼻孔和口腔流出黏液，吐沫，呼吸困难，气喘，常伴发肺炎，粪便带血，嘴四周有湿痕，或流口水，逐渐消瘦，最后死亡。若吃了残留农药的牧草，发病迅速，病豚呕吐，流涎水，流眼泪，腹泻不止，瞳孔缩小，呼吸困难，气喘，全身抽搐，临死前全身僵直。

（三）预防

投喂饲料前认真检查饲料有没有质量问题。饲料应放在通风、干燥的地方，精料（玉米粉、谷糠、麸皮）一次不可加工过多，搅拌的精料现拌现喂。青粗饲料应彻底清洗并晾干，发黄霉烂的青菜叶不可投喂。

（四）治疗

（1）用1％小苏打水或肥皂水灌服病豚催吐。

（2）用清霉宝或蒙脱石对水或拌料喂病豚。

（3）用0.5毫升维生素C与5％的葡萄糖注射液1～3毫升进行静脉注射。

（4）用硫酸阿托品0.2～0.5毫升进行肌内注射。

（5）用硫酸镁1.5克、食盐0.2克、温水10毫升灌服。

（6）用甘草、金银花、蒲公英、连翘加水煮成浓汁喂服。

十四、土霉素中毒

（一）病因

很多养殖场为防止黑豚出现肠道疾病，每月都定期投喂一定量的土霉素，连喂几天，或经常投喂，由于剂量过大，或长期滥用反而使胃肠道内有益菌群遭受破坏、菌群失调，造成黑豚以腹泻或排出黏液性、水样稀粪为主要特征的中毒性疾病。

（二）症状

黑豚发生中毒时，表现为精神不振，食欲下降，全身感染，被毛无光泽、松乱，时间稍长则发生腹泻，排出黏液性、水样粪便，在肛门周围有明显尿样，豚体消瘦，可视黏膜苍白，四肢无力。

（三）预防

由于黑豚为食草动物，在饲养过程中最好不要使用土霉素，平时的饲料中添加 EM 菌液、黄芪多糖、新金赛维等营养元素，通过加强营养以提高黑豚的免疫力，开胃助消化或防治肠炎的药物最好采用中草药，若是一定要使用土霉素时尽量用小剂量，且不可连续使用超过 3 天。

（四）治疗

（1）维生素 K、复合维生素 B 溶液有一定的疗效。

（2）灌服适量的碳酸氢钠溶液。

（3）用 10％葡萄糖溶液 0.5～1 毫升和 0.4 毫升维生素 C 进行肌内注射。

十五、不孕症

（一）病因

先天性不育，生殖器官畸形，雌豚阴道口狭窄；雄豚睾丸隐入腹腔或精子数量少；饲料单一、品质差，缺少矿物质、维生素、微量元素使生殖系统机能减弱或受到破坏；雌豚患有子宫炎、阴道炎或老龄豚鼠生殖机能减退等均会直接导致雌豚不孕。

（二）症状

雌豚在性成熟后或产后一段时间内不发情，或者发情不正常，或者发情屡配不上，倒提雄豚睾丸不显露，遇发情雌豚不爬背等均可诊断为不孕症。

（三）预防

避免近亲繁殖；对先天性不孕，过于肥胖，年龄大，屡配不上以及患有生殖器官疾病的雌豚作商品豚处理。饲料应营养丰富且均衡，在发情期采用一公一母或是一公二母或是三公一母进行复式交配。

（四）治疗

（1）对不孕且生殖系统正常的雌豚在饲料中拌以维生素 E、亚硝酸钠片及微量元素硒，以促进生殖系统的发育，调节内分泌。

（2）对不发情的雌豚用催情药物拌料饲喂，也可以用 0.2～0.5 毫克的促卵素进行肌内注射，1 天 1 次，连用 3 天。

（3）用 0.3～0.6 毫升前列腺素进行肌内注射。

十六、流产

（一）病因

长途运输时颠簸过多，受惊吓，冷风侵袭，酷暑高温，营养不良，捉拿倒提，吃了发霉或是未晾干的青粗料，或是服用驱虫药、泻药等均易造成雌豚流产。

（二）症状

多数在怀孕一个多月流产，流产时从雌豚阴道流出血污，有脓性液体，具腐臭味。少数在临产前几天受较大惊吓刺激生产，但不能成活。

（三）预防

豚舍做好天敌预防工作，以防天敌窜入使孕豚受惊吓，做好保暖工作，豚舍要干净、干爽，避免冷风袭击，通风透气。投喂的饲料要营养丰富，日常投喂的饲料中应添加各种维生素及微量元素，以及提高抗病能力的能量饲料等。

（四）治疗

（1）怀孕雌豚最好不要长途运输，若发现流产先兆，可肌内注射 5~10 毫克黄体酮进行保胎，连用 3 天，同时肌内注射维生素 E。

（2）若孕期未够的胎豚流出，应立即注射 0.1~0.3 毫升脑垂体后叶素，以促使胎豚全部排出，防止胎豚滞留体内而引起雌豚败血症。

（3）对已流产的雌豚用消毒溶液冲洗阴道，同时服用磺胺类及抗生素类药物。

十七、乳房炎

（一）病因

豚舍环境卫生较差，在潮湿、肮脏、有腐臭的栏舍内易发生此病。或雌豚乳汁无法满足仔豚的正常吸取而被仔豚咬伤感染细菌。或是雌豚因感染病原菌如金黄色葡萄球菌、链球菌、铜绿假单胞菌等而引起。

（二）症状

乳房炎是哺乳雌豚常见病，发病时乳房肿大、潮红、发热，乳根周围有硬块，有的有溃疡性脓肿，腹腔黏膜发红。

（三）治疗

（1）患病初期用 2% 的硼酸水洗患处，或用 5% 硫酸

镁溶液或 3％过氧化氢溶液或鱼石脂擦洗患处，每天擦
1～2 次。

（2）对于脓肿，先排脓再用双氧水清洗，然后涂青霉
素或链霉素或金霉素软膏。

（3）口服青霉素或磺胺类、沙星类药物，并肌内注射
青霉素 1 万～3 万单位和 0.5％普鲁卡因 0.5 毫升，1 天 2
次，连用 2～3 天。

十八、雌豚产后少乳

（一）病因

雌豚在怀孕期间营养不良，乳腺生长发育不良，内分
泌紊乱；或喂含蛋白质过高的饲料使雌豚分娩后乳汁过
稠，堵塞乳腺泡而导致缺乳，多发生于初产的雌豚；或是
雌豚年龄偏大，乳腺萎缩引起少乳或缺乳；或是雌豚患乳
房疾病、寄生虫病、生殖系统疾病、便秘、应激反应以及
其他慢性消耗性疾病，均可引起少乳和缺乳。

（二）症状

雌豚少乳和缺乳主要发生在产后 3～5 天，以夏季最
为明显，仔豚吃不饱，或吃带有病菌的乳汁，仔豚因消
瘦、发育不良、营养衰竭而死亡，或者拉黄白痢。

（三）治疗

（1）营养性少乳　在精料中添加牛奶和葡萄糖混
合液。

（2）缺水性少乳　补充多汁饲料和清洁饮水，每天水
的补充量在 20 毫升左右。

（3）内分泌失调性少乳　缓解应激，并注射垂体后叶激素。

（4）乳房疾病性少乳　配种后50天，用复方新诺明10毫克拌料饲喂，以预防乳房炎。哺乳期开始时，保证供给足够且新鲜的青料。

（四）催奶药物

（1）灌服人用催乳灵0.5片，1天1次，连用3天。

（2）对患病雌豚肌内注射催产素注射液0.3～0.5毫升，1天2次，连用2天。

（3）用苯甲酸雌二醇0.2～0.5毫升进行肌内注射，1天2次，连用2～3天。

（4）用红蚯蚓5克煮水或用开水烫至发白，剁碎拌料投喂。

（5）用中草药路路通、土党参，王不流行各3克，粉碎拌料。每天每只雌豚1克，连续3天。

十九、其他

（1）产后大出血　对大出血的雌豚注射酚磺乙胺注射液（止血）即可。

（2）外伤　因黑豚打架引发的外伤，用碘酒、紫药水或过氧化氢消毒。

（3）肠胃炎　黑豚拒食精料，粪便色深或黑，粒小。本病是由于投喂的青料未晾干水，精料发酵不全引起的。立即给病豚喂呋喃唑酮，并让其在地上充分运动，检查精料若有问题立即更换，不投喂带水的青料。

（4）雄豚生殖器外露　雄豚生殖器外露，长时间不能缩回去，此时就要对其进行按摩，慢慢把它给揉回去。若是外露的生殖器外面粘了一些毛，或者其他脏东西，导致生殖器更加缩不回去，此时要准备温水，与黑豚体温差不多，不要太热，不要太冷。然后用纱布（可用其他东西代替，如棉花）把生殖器外面的脏东西清理干净，然后等晾干了点再给它揉回去。

（5）高温季节热应激　在精饲料中拌黄芪多糖或是在饮水里添加维生素 C 投喂黑豚，可增强机体抗应激能力。

（6）脱毛　有时属正常情况，如季节性换毛。若不正常如豚咬笼，色变，毛竖，产后雌豚脱毛、毛色无光泽，那是因为哺乳期缺水，缺乏微量元素，应补充金赛维、黄芪多糖、盐、骨粉、EM 菌液，并多喂青料，一般半个月即可恢复。

（7）出生仔豚体温冷，即死亡　因气温低，雌豚营养不良，出生的仔豚应立即进行保温，雌豚产前要投喂足够且营养全面的饲料。

（8）消化不良　因投喂过多干草，或少喂带水分的青料，给水不及时而导致粗纤维不能消化，黑豚拒食，臀红肿硬。应停止喂干草，多喂新鲜的青料，每天喂一次温开水帮助其消化。

第八章 黑豚的捕捉运输与加工利用

第一节 黑豚的捕捉与运输

一、黑豚的捕捉

黑豚胆小怕惊，温驯不咬人，但也不宜乱加捕捉。在捕捉时，用右手掌按住黑豚的背部，并用拇指握住，注意不压迫其右肩、胸部及胃部，轻轻地将其拿起来，然后再用左手托住豚的整个身体。特别是捕捉怀孕雌豚尤其要严格按上述要求操作，并要待孕豚安静后，用左手托住其胸部，用右手托住其腹部，把怀孕雌豚轻轻地托起，以防因捕捉受惊引起流产。

二、黑豚活体的运输

黑豚活体的运输是一个比较重要的环节，作为种源的交流、引进、商品黑豚的异地销售等所进行的短途或长途运输过程中，若忽视了运输工具、天气等各方面的环节及细节，将直接影响到黑豚的健康和成活率。因此，应做好以下几项工作，减少黑豚途中掉膘、生病或死亡。

（1）黑豚运输前要做好健康检查，不可将临产或是带病的黑豚进行长途运输，以免造成途中死亡、流产或是传播疾病而造成损失。

（2）要选用结实、通风透气、轻巧方便的笼或箱进行运输，一般以大小规格一致的四面通风有盖的塑料筐为宜，也可采用竹片编制和铁网制成的笼箱，其规格为长60厘米，宽40厘米，高15厘米，这种规格的笼，黑豚既能活动，又能在笼内吃食，通风又好，不会发生意外（图8-1）。

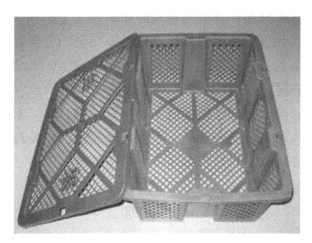

图 8-1　装豚筐

（3）按黑豚的公母分类装笼，装笼前应消毒，并检查豚笼内有无外露的钉尖等硬物，以免划伤豚体。装笼时，每笼装豚的数量要适中，不可拥挤，一般 0.6 千克/只左右，每箱不超过 10 个，0.75 千克/只左右，每箱不超过 8 只。同一箱内，大小体型要求一致，尽量是同栏的，以防打斗。箱底或笼底要垫好硬纸板，以防屎尿相互污染，影响质量或引发疾病。若是长途运输，运输前应在笼箱里适当放些青料或精料，以防黑豚途中受饿。

（4）装车要科学，密度不宜过大，笼箱之间要有一定的空隙，以利于投放饲料或观察管理。

（5）运输时间最好选择春、秋季或初冬季节，因夏季高温时节，易引发黑豚应激反应，最好不要进行长途运输，若一定要运输必须选择早上或夜晚气温稍凉些进行，且要注意通风透气。冬天运输则要加强防寒保暖措施，以防黑豚感冒。长途运输中途休息期间要经常检查黑豚食欲、精神等情况，发现问题及时处理。

（6）为保证黑豚在长途运输途中安全，应备有一些常用且急需的药物，如消炎、防暑、外伤等药，以便急用。到目的地时，车应开到树荫下、凉爽或温暖的地方，休息片刻后，才能把黑豚慢慢拿下来散开，放下后，不能立即喂水，待精神恢复稳定后，再投喂水和饲料，青料从少到多，逐渐增加，使黑豚逐步适应新的环境。

第二节　黑豚的加工与利用

一、黑豚的宰杀

（一）宰杀前的准备

一般应在宰杀黑豚前 8 小时停止喂食，宰前 3～4 小时停止饮水，以提高宰杀黑豚的品质。

（二）宰杀放血

宰杀时要求切割部位准确，放血干净；刀口整齐，保证外观完整（图 8-2～图 8-4）。

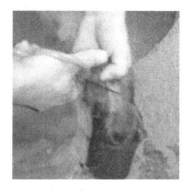

图8-2 割喉

图8-3 放血

图8-4 宰好待浸烫的黑豚

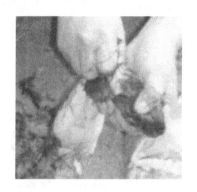

图8-5 正在手工煺毛的黑豚

（三）浸烫煺毛

浸烫黑豚时要严格掌握水温和浸烫时间，若水温过高，则易将豚皮烫掉，若水温不够，豚毛则不易煺掉。一般浸烫豚的水温宜在85℃左右，浸烫时要不停地翻动，浸烫时间一般在20～30秒，以毛能顺利煺掉为宜。水温及浸烫时间要根据黑豚年龄以及宰杀季节灵活掌握。对于宰杀时放血不完全或宰杀后未完全停止呼吸的黑豚，不能急于浸烫煺毛。

浸烫好的黑豚要及时煺毛，可用手工操作煺毛（图8-5），量大的可采用机器煺毛。

（四）净膛

　　根据不同的加工需要和加工方法，黑豚净膛加工可分为全净膛和半净膛两种。全净膛即从宰杀黑豚的胸骨处到肛门切开腹壁，将豚体内脏器官全部取出（图8-6）。在取出内脏时应注意不得将器官拉破，尽量保持各器官的完整。半净膛即仅从宰杀黑豚的肛门下切口处取出全部内脏。图8-7为外皮经加工的黑豚。

图 8-6　全净膛好的豚肉

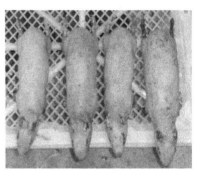

图 8-7　外皮经加工的黑豚

二、黑豚肉制品制作

（一）腊制豚肉干的制作

　　把剖好的干净的豚肉挂在火灶口上，用烟熏制；也可用粗糠或锯末单独熏制而成，经过半个月左右，就熏成腊制豚肉干。豚肉干切成片后，用辣椒、大葱、胡椒、素油、豆豉同炒，便成了半干透明的暗红肉片，其香辣、酥脆、细嫩，骨头都可嚼咽，越嚼越有味。

（二）黑豚肉干制作

（1）将去皮去杂物的豚放冷水中浸泡 1 小时，将肉中的余血浸出，晾干。

（2）初煮　将肉块放入锅中用清水煮 20 分钟左右，当水烧开后，撇去肉汤上面的浮沫，将豚肉捞出切成一定形状。

（3）配料　介绍以下两种配方任选一种（也可按肉的多少比例增减）。

① 豚肉 500 千克，食盐 1.5 千克，酱油 3 千克，白糖 4 千克，黄酒 0.5 千克，生姜、葱、五香粉各 125 克。

② 豚肉 50 千克，食盐 1.5 千克，酱油 3 千克，五香粉 100～200 克。

（4）复煮　取原汤一部分，加入配料，用大火煮开，待汤有香味时改小火，并将切好的肉料放入锅内，用锅铲不停地翻动，汤汁快干时将豚肉取出沥干。

（5）烘烤　将沥干的豚块干铺在铁丝网上，以 50～55℃的温度烘烤，不断翻动肉料，以免烧焦，约经 7 小时，即可供干制，烘烤前在肉片中加入咖喱粉或辣椒粉、五香粉等辅料，以便形成不同风味的肉干制品。烤干后，肉干成品包装放在干燥通风的地方可保存 2～3 个月，装在玻璃瓶中，可保存 3～5 个月。黑豚肉干是野外作业、出差旅游的便携食脯。

（三）黑豚肉罐头的制作

黑豚宰杀，去内脏、头、脚后冲洗干净，将豚肉块浸泡进行消毒，以除掉豚肉内脏的余血，然后稍微晾干后放进锅里煮半熟，接着取出装罐并加入调料汤，经排气、封口后放入高压锅内，以大汽蒸煮2～3小时即成，贴上标签。

调料汤的配制方法：按每100千克总重量，放入煮熟白萝卜、青葱各200克，茴香50克，生姜200克，黄酒0.1千克，水适量，煮至半熟后，再加入红酱油0.5千克，油0.5千克，大蒜0.67千克，盐2千克，砂糖9.3千克，味精0.56千克，黄酒0.5千克，洋葱0.84千克，豚肉汤66千克。

制作黑豚罐头，要根据各地的口味习惯和爱好配不同的调料汤和调味液。

（四）黑豚药食品的制作

（1）豚肉可治小儿疳积、麻痘，可将黑豚去皮取肉剁成肉泥加猪油和食盐少许，煎汤食服。

（2）豚胆　常服豚胆，可治眼疾和耳聋等症。

（3）黑豚肌肉，可治疥疮、脚气等病症，用法是去掉豚皮肉、内脏，将豚骨体以大火焙干研成粉末对少许白酒，加一枚嫩桃捣成泥状，调匀敷于患处，数次即愈。

（4）睾丸在瓦片上焙干研成粉末，兑冰片少许，开水送服，可治高热不退、呕吐不止、惊风等症，是有名的"豚贤汤"。

（5）豚肝、心、脑混合焙干研成粉末，睡前用蛋花汤兑服，有滋补功能，可治心悸、精神恐惧等症状。

三、黑豚食谱

（一）清炖黑豚

（1）黑豚500克，沙参、红枣、枸杞子各3克，生姜

5片，酒适量，山茶油一汤匙，用沙锅炖2小时即可（用于高血压、高血脂）。

（2）黑豚500克，蛇肉150克，加入沙参、西洋参、红枣、生姜、酒适量，用沙锅清炖3小时即可（用于失眠、虚汗、尿频）。

（3）黑豚500克，麻雀200克，乌龟400克，加入红枣、桂圆、黄芪、党参、西洋参、冬虫夏草、香菇、姜、酒适量，用沙锅清炖3小时即可（补肾益气）。

（4）用黑豚血50克，拌入精米150克，晒干后放入姜、酒同煮粥食（用于胃病）。

（二）炒焖黑豚

子姜炒黑豚、铁板豚、栗子豚、香菇豚、茶叶蒸豚、红烧豚、笋片黑豚、蒸扣豚、麻辣豚等。

第九章 黑豚养殖场的经营管理

第一节 黑豚养殖场的
计划和生产管理

大规模养殖黑豚，在开始建场时，就应考虑投产后的经营管理问题。如场地的选择、布局，饲养方式，豚舍及池子或笼舍结构，场址所处的交通，饲料的运输，黑豚各阶段的分离，食器、排泄物及食物残渣的清理和产品的销售等，均与劳动生产率密切相关，应在建场过程中综合考虑，妥善解决。否则，就会降低饲养效益，导致办场失败。

就一般黑豚养殖场来说，经营管理的基本内容主要包括以下几项。

一、组织管理

为使黑豚养殖场生产正常而有秩序地进行，必须建立一个分工明确且合理的组织管理机构，黑豚养殖场的规模不同，其人员的编制也不同。但其组织管理内容基本相似。

（1）人员的合理安排与使用 养殖黑豚，不是很难，但也不容易，若精心管理也不难，但对技术人员、管理人员和饲养人员有不同的要求，同时他们的素质高低及责任心，直接影响黑豚养殖场生产经营的全过程。成功的经营管理者十分注重职工主观能动性的发挥，知人善任，合理安排和使用人员，做到人尽其才，人尽其力，各司其职，合力共进。

（2）精简高效的生产组织　生产组织与黑豚场规模有密切关系，规模越大，生产组织就越重要。规模较大的养殖场一般可设生产、技术、供销财务和生产车间四个部门，部门设置和人员安排应尽量精简。非生产性人员越少，经济效益就越高。规模饲养经济效益高，其关键是非生产人员少、办事效率高、综合成本低。

（3）建立全岗位责任制　搞好规模养殖黑豚的经营管理，必须建立健全岗位责任制。从场长到每一个人员都要有明确的岗位责任，并用文字固定下来，落到实处，使每个人都知道自己每天该做些什么，什么时间做，做到什么程度，达到什么标准。

经营管理者根据岗位目标责任制规定的任务指标进行检查，并按完成情况进行工作人员业绩考核和奖惩。在确定任务目标时，要从本场实际出发，结合外地经验，目标应有一定的先进性，除不可抗拒的意外原因外，经过努力应该可以达到或超过。原则上要多奖少罚，提高完成任务目标的积极性，而奖罚应及时兑现。

（4）制定技术操作规程　黑豚养殖场是根据科学研究和生产实践经验，总结制定出日常工作的技术规范，提高操作技能，更新知识，不断提高黑豚养殖场的经营管理水平。

（5）健全完善各项规章制度　办好黑豚养殖场必须制

定落实一系列的规章制度，做到有章可循，便于执行和检查，用制度规范黑豚养殖场人员的生产生活行为，实现自我管理、自我约束、自我发展。

（6）进行劳动定额管理　大型养殖场需明确每位员工的工作职责，调动每位员工的积极性，劳动定额就是给每位员工确定劳动职责和劳动额度，要求达到质量标准和完成时间，做到责任到人。

二、计划管理

计划管理是经营管理的重要职能。计划的编制是对内外环境、物质条件进行充分估计后，按照自然规律和经济规律的要求，决策生产经营目标，并全面而有步骤地安排生产经营活动，充分合理地利用人力、物力和财力。计划为实行产品成本核算和计算经营效果提供依据。用计划来组织生产和各项工作，是社会化生产的需要。计划管理就是根据黑豚养殖场确定的目标，制订各种计划，用以组织协调全部的生产经营活动，达到预期的目的与效果。规模饲养场应有详尽的生产经营计划，按计划内容可分为产品销售计划、物资供应计划、产量计划、免疫计划、财务收支计划等。

（1）免疫计划　疾病是生产中的最大威胁，而预防疾病、虫害、天敌等工作是生产管理中可不缺少的部分。为了保证黑豚的健康和安全生产，养殖者必须制定完善的消毒制度和防疫制度。根据发病的不同季节进行防治计划，通过平时的饲养管理和药物共同预防。

（2）产品销售计划　产品销售计划的编制主要依据市

场需求及价格变化曲线，这是流通、搞活生产、实现货畅的一个重要环节，也是完成经营目标的一项重要工作。黑豚场主产品，是主要提供鲜活商品豚，还是提供经加工的黑豚净肉，根据生产计划和可能销售量编制产品销售计划，做到产销对路和衔接，及时投放市场，防止积库。最好实行以产定销，建立稳固的销售和信息网络，防止盲目生产。

（3）物资供应计划　饲料是重要物资，必须根据生产计划需要编制详细的供应计划，并保质保量，按期提供。其他如饲养防疫人员的劳保用品、灯泡等易耗品、工具、机械设备维修备件、燃料物质，也应列出计划，以保证完成生产任务。

同时应对所需的饲料品种、数量、来源做好计划，及早安排，保证供应。如采用商品配合料，应选择质量优、价格低、信誉好的饲料厂建立长期供货关系，成为合作伙伴，避免经常变更饲料给生产带来的不利影响。如自己加工，在筛选各阶段最佳饲料配方的前提下，对主要原料如皇竹草、黑麦草、玉米、豆饼，麦麸等品种来源应相对稳定，定期进货，按时结算，避免过量进货积压资金，也防止临时购料造成供应不足或频繁变换配方，影响生产。

三、物资管理

这是为保证生产所需物资的采购、储备和发放的一种组织手段、黑豚养殖场所需的主要物资有饲料、药品、器材、设备零件、工具、劳保用品以及一些易耗物品等。对这些物资的采购、储存和发放都应建立登记账簿，及时记录登记，严格发放手续，妥善保管，防止变质腐败，做到账物相符。

四、成本核算计划

成本核算计划管理目的与内容是衡量一个黑豚养殖场经营管理好坏的重要标志，是产品成本和劳动生产率的高低，以及由此所产生的经济效益的大小。也就是说，一个经营管理好的黑豚养殖场必然收入多，利润大，劳动生产率高，数量和质量逐年上升，成本逐年下降，实现优质、高产、低消耗的要求。因此，黑豚场和养殖专业户必须努力增加生产，降低成本，搞好产品成本核算计划。

产品的成本核算是养殖场财务管理的核心，是各种经济活动中最中心的环节。产品的成本核算是由生产产品需支出的成本和产品所得的价值构成的。产品的收入资本大于成本费则盈利，小于成本费则亏。养殖场的产品成本由饲料费用、工资、燃料费用、兽药费用、企业管理费、固定资产折旧费、房屋设备维修费等构成。

五、财务计划

这是保证经营目标实现所必须预先考虑的资金来源及其运用、分流的一种综合计划。其内容应包括固定资产折旧计划、维持生产需要的流动资金计划、财务收支计划和利润计划、专用资金计划、信贷计划等。

六、记录管理

黑豚的饲养科学性较强，在饲养前要有周密的计划，如饲养目的、具体措施、施工细则及可能出现的问题、将要收到的效果等。在饲养过程中，要及时总结经验，不断提高。通过饲养记录，可以对黑豚的饲养知识由不知到了解，由一般到精通，成为饲养黑豚的行家。数据是总结的依据，数据的来源主要靠工作过程中的详细记录。从工作开始要养成每天做记录的习惯，一直坚持到最后。总结出来的经验，本身就具有较高的价值。记录的原则如下。

（1）及时准备　根据不同记录要求，在第一时间认真填写，不拖延，不积压，避免出现遗忘和虚假；准确按照黑豚养殖场的实际情况进行记录，既不夸大，也不缩小，真实记录，特别是一些数据要记录精确，若记录不精确，便失去了记录的真实可靠性，这样的记录结果也毫无价值。

（2）简洁完整　记录工作烦琐，不易持之以恒地去实行，所以设置的各种记录簿册和表格力求简明扼要，通俗易懂，便于记录；记录要全面系统，最好设计成不同的记录册和表格，并且填写完全、工整，易于看清。

（3）便于分析　记录的目的是为了分析黑豚场生产经营活动情况，因此，在设计表格时，要考虑记录下的资料便于整理、归类和统计。

七、记录内容

（1）引种　引种的产地，引入的是成年种豚还是仔豚，引种方法、使用容器、运输时间和运输方法等。

（2）管理程序　逐日记录饲养过程中的条件，如使用器具，饲养环境中的温、湿度，病虫害、水质情况，饲料来源及配制方法，各种不同的管理程序。

（3）幼豚　记录刚出生的幼豚体色、大小，自头部伸出到完全脱离母体需多长时间，有无取食膜现象，雌豚有什么反应，是否立即进行母乳喂养。脱离母体的幼豚是否立即跑开，还是躺在地上休息一段时间，时间多长。初生的幼豚自然取食情况，多长时间开始进食，体色、体长需要多长时间有变化。幼豚什么时段是活动高峰期。不同饲料及气温对幼豚生长发育情况的影响，体长、体重、体色变化。

（4）成年黑豚　记录成年黑豚的体重、体长，不同饲料、不同环境饲养有无差别。多长时间进入性成熟期，同一养殖池中的雌雄比例，不同饲料、不同环境有无差别。雌雄交配前的性行为表现，一只雄豚或雌豚一年接受几次交配，交配次数不同产仔数有什么变化。成年黑豚的寿命有多长，随着繁殖次数的增加，雌豚体重是否减轻。成年黑豚所喜欢的环境、饲料、温度、湿度与幼豚有无差异。成年黑豚、幼豚哪个阶段最易安全过冬等。

第二节　黑豚养殖场的投资决策

科学办好、发展好黑豚养殖场，需要引种、场地、黑豚舍、工作区等建筑物以及饲料和设备等生产资料，也需要饲养管理人员等，这些都需要资金的投入。各养殖户要根据自身的实际条件来决定黑豚场的规模及投入的资金，投入的资金要与黑豚的性质和规模相匹配，否则，生产过程中缺乏资金支持就可影响黑豚场的正常生产和经济效益。因此，建场前要进行市场调查分析，确定生产规模并进行投资估算，一方面根据资金需求筹措资金，另一方面保证资金合理、有效地利用，保证生产顺利进行。

一、市场调查分析

黑豚作为特种动物之一，养殖的农户要想在养殖中获得较好的效益，必须进行市场调查和分析，根据市场情况进行正确的决策，力求生产出更加符合市场要求的产品，以获得较好的经济效益。并根据自身具备的条件，正确确定经营规模，避免盲目投资带来的损失。

（一）项目的调查

特种养殖项目很多，高价卖种后迅速消失的公司也不少。若在养殖前不对项目进行调查，很容易造成损失。养殖前，首先要对市场进行了解；可以就养殖产品本身的价值、用途、市场等问题，请教相关的专家。如果自己多方面考察取得的信息和厂家的出入不大，并且项目具有很大的可行性，再投资也不迟。

（二）市场容量的调查

新建养殖场前应调查区域市场或国内市场黑豚的总容量，销售状况、同行业的竞争力，以及在市场上畅销的季节、时间的长短，预测市场可能出现饱和、滞销的期限，最好以"以销定产"的模式进行养殖，并在养殖1年左右时，调查还有哪些可占领的市场空间，哪些批发市场的销量及销售价格发生变化，发生了什么样的变化，并及时查找原因，调整生产方向和销售策略，有利于养殖户从整体上确定养殖规模和性质。

（三）销售渠道的调查

黑豚的销售渠道有多种，如生产企业或养殖户→批发商→零售商→消费者；生产企业（养殖户）→酒店、饭店；生产企业或养殖户→零售商→消费者；养殖场→食品加工厂→消费者等。调查掌握销售渠道，有利于产品的销售。最好是在养殖前就找好销售渠道。

（四）市场供给的调查

对当地的散养户和规模较大的养殖户的产品上市量进行调查及预测。另外，由于目前的信息及交通都较发达，对跨区域销售的数量，以及外来产品明显影响当地市场时的价格、货源持续的时间等作充分了解，以便确定生产规模或调整规模的大小。

（五）引种的调查

很多厂家急功近利，为了节约成本，对养殖的黑豚还未完全达到性成熟就进行交配，或是进行近亲交配，结果导致种群退化，繁殖出的仔豚抗病能力差，成活率低。在选种时，投资者最好在专家或同行的指导下，选用经国家有关部门鉴定的品种。这些品种多、种系纯正，都是科研单位、教学单位和经过国家验收认定的育种场。在引种上，投资者绝不能贪图便宜引进劣种。社会上有许多昨天刚挂牌，今天就卖种的厂家，应引起警惕。对此，在引种前，投资者应多考察几个厂家，然后到较有信誉的单位引种。引种时，投资者要查看厂家的各种证件，此外，还要查看所引品种的档案资料、系谱记录、《特种畜禽生产经营许可证》等，以防上当受骗，并避免掉入回收的陷阱。

（六）产品要求调查

不同的消费者对产品的形状、数量以及质量要求有所不同。如饭店、食品加工厂需要的是鲜活的商品黑豚，或是加工好的黑豚净肉，消耗快，需求量也大；养殖户、宠物市场需要的是青年豚或幼豚。不同的消费者对产品的需求有较大的差异。因此，进行产品要求的调查，对产品结构进行调整，以满足不同的市场需求。

（七）价格定位

黑豚养殖必须有以最低价销售还能赚钱的思想准备。黑豚产业是在市场经济条件下形成的，如果其市场最低价与成本不相上下时，就不能盲目大量养殖。

二、市场调查方法

市场调查方法很多，有问卷调查、实地调查、访问调查和观察法等。但目前黑豚的市场调查多采用访问法和观察法。

（一）访问法

访问法即是对消费者、批发商、零售商以及市场管理部门对市场的销量、价格、品种比例、品种质量、产品形式、货源、客户经营状况、市场状况等进行自由交谈、记录，获取所需要的市场资料。

（二）观察法

观察法指选择适当的时间段，对调查对象进行直接观察、记录，以取得市场信息。对市场经营状况、产品质量、档次、客流量、价格、产品的畅销品种和产品形式以及顾客的购买情况等，结合访问等得到的资料，初步综合判断市场经营状况。可以掌握批发商的销量、卖价以及市场状况，收集一些难以直接获得的可靠信息，并灵活运用，灵活调整养殖规模和加工产品的形状，以取得更好的经济效益。

三、投资具备的条件

（一）市场需要条件

同样的资金，不同的经营方向及不同的市场条件获得的回报也有所不同。在确定黑豚场的经营性质后必须考虑市场的需要和容量，不但要看到当前的需要，还要掌握大量的市场信息并进行仔细分析，正确预测市场近期和远期的变化趋势及需要，做出正确的决策。若市场对黑豚产品需求量大，价格体系稳定健全，销售渠道无阻，规模可大，反之则小。只要掌握了市场需要条件，根据生产需要进行生产，才能取得较好的经济效益。

（二）技术条件

投资黑豚养殖场要想获得成功并获得较大的收益，技术及管理是关键，必须具备一定的养殖技术、经营管理能力及饲养管理人员的责任心，如日常的饲养管理技术、繁殖技术、疾病防治技术以及销售管理等，制定完善的饲养管理方案。若是无科学的饲养管理，不能维持良好的生产环境，疾病的发生得不到有效控制，将严重影响经济效益。规模越大，对技术的信赖程度越强。小规模养殖者必须掌握一定的养殖技术和知识，并且要善于学习和请教；大规模的养殖场最好设置专职的技术管理人员，负责全面的技术工作。

（三）资金条件

特种养殖业最大的问题就是一哄而上，而且情况非常普遍。而稍具有一定规模的养殖场，需要场地建造，购买种苗、设备用具以及技术培训等，这都需要一定的资金。特别是特种养殖引种贵，把握不好行情，没等见效益，产品就没了市场，前期投资就白搭了。有的项目需要资金较多，很多投资者本钱少，赶不上好行情，资金又不足，后续投资就没有了，结果前期的投入也白费了。因此，我们要根据自己的实际情况，量力而行。资金需求主要有固定资金和流动资金，固定资金包括场地租赁费、建设费、设备购置费和引种费等；流动资金包括饲料费、水电费、人员工资、药品费、运输费、差旅费以及折旧维修费等。新办的场，需要相当长的一段时间后才有产品上市，这期间也需要大量的资金投入。

四、养殖场的成本

黑豚养殖场的成本包括引种费、饲料费、劳务费、医疗费、燃料费、固定资产折旧维修费、杂费等。

（1）引种费　指引进种豚或幼豚及培育的费用。

（2）饲料费　指饲养过程中耗用的自产和外购的混合饲料及各种饲料原料费用。若是购入的则按买价加运费计算，自产饲料一般按生产成本（含种植成本和加工成本）进行计算。

（3）劳务费　指从事黑豚养殖的生产管理劳动费用，包括饲养、防疫、消毒、购物运输等支付的工资、资金等费用。

（4）医疗费　指用于黑豚的生物制剂、消毒剂、中草药及专家咨询服务费等费用。

（5）燃料费　指饲料加工、黑豚养殖室供气保暖、排风等耗用燃料和电力费用，这些费用应按实际支出的数额计算。

（6）固定资产折旧维修费　指黑豚养殖池的基本折旧费及维修费。如租用房屋或场地，则应加上租金。

（7）杂费　包括低值易耗品费用、通信费、交通费及搬运费等。

第三节　黑豚场的投资分析

经过市场调查后，确定好养殖方式及规模，选择黑豚场场址，培养养殖人员的养殖、管理及采收等技术，然后进行投资建设。

一、资金和物力投资

（一）养殖房（棚）

用于建黑豚养殖场（豚舍）的材料性质不同，投资金额也不同。用普通砖建造的养殖房、养殖池，坚固及防护性能都好，但是投资成本及工程量相对大，只适合小面积养殖。采用铁皮钢架相结合建造的养殖棚、租现成的厂房等则适合大面积养殖，豚舍用网与木条制作的养殖笼，成本比较低廉，则投资成本相对小些。

（二）种源

不同区域的种黑豚的售价差异比较大，是一项较大的投资，因此要多看多比较再购买。

（三）饵料

小型的黑豚养殖，其饵料也相对消耗少，易解决。而大型养殖场必须解决饲料的固定供应链。

（四）其他支出

包括水电、运输、工资、药品、场地租金、工作管理房屋的建设及购置设备等的投资。

二、黑豚养殖场投资预算和效益估测

（一）投资预算

投资预算有利于资金筹集和准备，也是项目可否施行的依据。分为固定投资、流动投资和不可预见费用的预算。

1. 固定投资预算

包括场地设计费用、改造费用、建筑费用、设备费、安装费和运输费等费用的预算。可根据当地的土地租金、建筑面积、建筑材料类型、电力设备、污水处理或利用设备及饲料、运输等的价格来大概预算固定资产的投资数额。

2. 流动资金预算

指在产品上市前所需要的资金，包括引种、运输、饲料、化肥、药品、工人工资、水电等费用可粗略预算出流动资金数目。

3. 不可预见费用的预算

主要是考虑所采用的建筑材料和生产原料的涨价及其他不可预测的损失。

（二）效益估测

按照养殖场规模的大小，所预算的引种费、饲料费、工资、医药费、管理费、水电及其他开支、固定资产折旧费，可估算出生产成本，并结合产品的销售量及产品上市时的估计售价，进行预期效益核算。

（三）投资分析举例

投资估算见表 9-1、表 9-2。

表 9-1　总产出与总产值

（以一个养殖户第一年养 20 只计）

饲养周期	种豚量 /只	繁殖量 /只	留种 /只	可出售黑豚 /只	单价 /元	年产值 /元
第一年	5 公 15 母	180	40	140	25	3500
第二年	15 公 45 母	540	60	480	25	12000
第三年	30 公 90 母	1080		1080	25	27000
合计	120	1800	100	1700		42500

表 9-2 成本估算

（以一个养殖户第一年养 20 只计） 单位：元

项目	黑豚种	维修费	饲料	设施池	药品	不可预测开支	成本
第一年	2000		1000	200	20	200	3420
第二年		50	3000	400	50	500	4000
第三年		200	5950	800	150	1000	8100
第三年		200	5950	800	150	1000	8100
合计	2000	250	9950	1400	220	1700	15520

利润：总产值－总成本＝42500－15520＝26980 元

投资利润率：总利润÷总投资×100％

＝26980÷15520×100％＝173.8％

第四节 黑豚场的经营决策

黑豚场经营决策包括经营方向、生产规模、饲养方式以及场舍的建设等方面的内容。决策的正确与否，对黑豚养殖场的经济效益有着决定性意义。

一、经营方向决策

投资前应决定好黑豚场的性质，是以养殖种豚为主还是肉豚为主。种豚则以培育繁殖优良种豚为目的，专为其他养殖场（户）提供优良种豚，作为更新之用，或是用于提供杂交亲本。若是以饲养商品豚以产肉为主要目的，黑豚场除自繁自留部分种豚外，多向其他的养殖户提供良种苗豚和商品苗豚。

二、生产规模决策

大型黑豚场基本雌豚多在 1300～2000 只，每年可供种 5000～10000 只。这类豚场需要的技术力量强，豚舍结构合理，设备完善，生产量大。

小型豚场基本雌豚在 150～200 只，每年可提供商品豚 3000 只左右。所生产的仔豚除自身更新种豚和育肥外，还可对外提供部分种豚。

专业养殖户（家庭）基本雌豚多在 100 只左右，所生产的仔豚多作为商品豚苗，除少数自己留种外，大部分作为肉用商品豚，对外提供少量的种豚。

新办的黑豚养殖场，不管规模大小，首先要调查好产品的市场认可度以及销售渠道是否畅通，如果市场认可度不高，老百姓不接受，销售不畅通，要想提高黑豚养殖的经济效益，将难以实现。另外，投资能力、饲养条件、技术水平、生产规模、饲养方式、豚舍的建设投资、市场信息以及投产后的经济效益等，均应进行综合考虑。

第五节　黑豚的销售

黑豚及制品的销售是资金周转的一个重要环节，也是完成经营目标的一项重要工作。销售的进度如何影响着资金周转的快慢。做到产销对路和衔接，及时投放市场，防止积库。最好实行以产定销，建立稳固的销售和信息网络，防止盲目生产。

一、黑豚种苗的营销

以养殖种黑豚为主的养殖场可采用网络销售、市场定点销售、联合养殖销售等方式。

（一）网络销售

养殖户可在网络上建立养殖场的独立网页，使养殖场及黑豚种得到宣传的同时也把产品销售出去。

（二）市场定点销售

市场定点销售即在禽类种苗批发市场建立定点销售点。有的批发商资金雄厚，贮存的量大，销路广，客源多，也可以直接销售给批发商。同时免费提供或赠送全套的养殖技术资料。

（三）联合养殖销售

规模大的黑豚养殖种场可以用养殖场＋农户的形式销售种黑豚。养殖场与散养户签订合同，即散养户从养殖场引进种黑豚回去养殖，养殖场提供技术指导和专用的饲料及药物。待养殖到可以回收的成年黑豚，再把散养户的引种豚款减出来。但此方法资金回笼慢，周转慢，资金占有量大，利用率低，不利于养殖场的发展，除非是实力雄厚的养殖场。

二、商品黑豚的营销

成品黑豚的销售按销售环节可分为直接式和间接式两种销售形式。

（一）直接式销售

直接式销售是指商品黑豚从生产领域转移到消费领域时不经过任何中间环节，即养殖场→消费者，也就是养殖场实行生产和销售黑豚合一的经营方式。这种销售方式的优点是减少了中间费用，便于控制价格，及时了解市场动态，有利于提供更优质的服务。并且增加了资金的周转速度，有效地提高了养殖的经济效益。

（二）间接式销售

间接式销售是指商品黑豚从生产领域转移到用户手中要经过若干中间商的销售渠道。类型有：养殖场→零售商→消费者；养殖场→代理商或者批发商→零售商→消费者；养殖场→饭店→消费者；养殖场→食品加工厂→消费者。

很多农民朋友由于自身缺乏市场营销技术和经验，管理能力较差，财力薄弱，对黑豚制品及黑豚肉和市场营销的控制要求不高。如果有中间商加入，养殖场可以利用中间商的知识、经验和关系，从而起到简化交易，缩短买卖时间，集中人力、财力和物力用于发展生产，以增强黑豚及制品的品质和销售能力等作用。但是此方法经过的环节多，完成销售的过程长。因此，养殖场要选择较为合适的批发商和零售商。但养殖时一定要注意黑豚及其制品的品质，尽量不放带激素的饲料或是少喂药，以保证黑豚肉的原有味道。

附录一　黑豚青饲料的栽培

一、皇竹草的栽培

皇竹草又叫甘蔗草、竹草，属禾本科多年生植物，一次种植多年生长（附图1-1、附图1-2）。一般株高4米左右，茎粗3～5厘米，叶长1米左右，叶宽3～6厘米。比甘蔗硬，适合豚鼠磨牙，甜度中等，含水量高，适口性好。在我国广东、广西冬季大部分地区可以安全越冬，北方地区则需加盖干草或地膜方可越冬，皇竹草在10℃左右可以正常生长。

附图1-1　含铁量高的紫色皇竹草　　　　附图1-2　新型皇竹草

（一）选地与整地

皇竹草喜高温、水肥，不耐涝、寒。因此，宜选择土层深厚、疏松肥沃、向阳、排水性能良好的土壤。种植前就深耕，清除杂草、石块等物。将土块细碎疏松，并重施农家肥作基肥，最好实行开畦种植，有利于排水及管理。

沙质土壤或冈坡地应整地为畦，便于灌溉，陡坡地应沿等高线平行开穴种植，以利保持水土，平坦黏土地、河滩低洼地应整地为垄，垄间开沟，便于排水。如新建基地，最好在栽植的上年冬季就将土地深翻，经过冬冻，使土壤熟化，在栽种前再浅耕一遍，每亩施足农家肥 1000 千克或复合肥 60 千克。

（二）种苗选育技术

皇竹草属无性繁殖植物，由于皇竹草用草子育苗出苗率很低，生长速度缓慢，采用成熟的皇竹草茎节为种苗，利用茎节扦插或根茎分株移栽方式，快速扩繁。引种前，要选购纯正的皇竹草种茎，象草和桂牧一号与皇竹草都极为相似，引种时要注意鉴别。在土壤、气候及管理条件较好时，可直接在大田种植。株行距要求，将种节与地面成 45°斜插或平放于沟内。但一般情况下，为保证茎节（根茎）出苗率，应采用先育苗后移栽的方式进行栽培。

（1）育苗时间　一般在 2～5 月份进行育苗较为适宜。但最好在 3 月气温达到 16℃以上时下种育苗。气温较低时，也可拱棚覆盖塑料薄膜保温育苗，可在全年任何时候育苗。

（2）种节准备　选择 6 月龄以上的成熟植株，选取健康、无病虫害的茎秆为种节，先撕去包裹腋芽的叶片，用刀切成小段，刀口的段面应为斜面，每段保留一个节，每个节上应有一个腋芽，芽眼上部留短，下部留长（附图1-3），为提高成活率，有条件的可用生根粉 100 毫克/升浸条 2～6 小时（1 克生根粉可处理茎节 3000～4500 株），然后在切口处沾上草木灰或用20％的石灰水浸泡30分钟，进行防腐消毒处理。当天切成的种节就及时下种，以防水分丧失。

附图1-3 皇竹草种节

（3）下种 将准备好的种节腋芽朝上，并与地面成45°斜插于土壤中，节芽入土3厘米，间距5～7厘米，并用细土将腋芽覆盖，及时浇足一次清粪水或清水。

（三）管理

（1）育苗期管理 在育苗期每天（晴天）浇水保持土壤湿润，下种后约10天开始出苗，若因浇水造成土表层板结，影响出苗、生长，应及时疏松种节周围土层，适时除草、追肥，待苗长高20～25厘米时即可取苗移栽。苗期有一定分蘖现象，为扩大大田种植面积，可将分蘖株分数株移栽。

（2）及时补苗 皇竹草经移栽后，直到种苗返青，均要坚持浇水保湿。对缺苗的地方，应及时移苗补栽，保证成活率在98％以上，确保每亩基本苗数量。

（3）中耕除草 皇竹草前期生长较缓慢，容易受杂草的影响，应在植株封垄（行）前进行1～2次中耕除草。第一次中耕除草，宜在种植1个月后，皇竹草开始萌发新芽，选择晴天或阴天进行除草松土，并每株施放10克尿素；第二次除草宜在种植2个半月后进行，这时为皇竹草生长最旺盛的时期，按每株施放碳铵或尿素25克，若作为培育种苗，为避免倒伏，在植株蔸周围进行培土。每次植株收割后应及时进行中耕除草，以疏松土壤，减少杂草危害和再生，应注意的是，中耕除草不可伤害植株的根部和茎部。

（4）浇水追肥 皇竹草喜水，若久旱，每隔3天上午就应普遍浇水一次；在连续多天阴天时也应注意浇水，但不耐渍水或水淹，因此，浇水应适度，雨季还需特别注意排涝。皇竹草嗜肥，故在基肥施足的前提下还需适时多次追肥，以促使植株早分蘖，多分蘖，加速蘖苗生长。在植株长到60厘米左右高时，应追施一次有机肥或复合肥，在每次收割后两天，结合松土浇水追肥一次。一般追施氮肥（亩用量20～25千克）或人畜粪肥，以确保牧草质量，提高牧草单位产草量。入冬前收割最后一茬后，应以农家肥为主重施一次冬肥，以保证根芽的顺利越冬和来年的再生。在移栽后15天时若进行一次叶面肥（一般叶面肥、激素均可，如叶面宝、农大120等，每10天左右一次），将显著提高生长速度和分蘖能力，并能提高产量和改善草的品质。

（5）加强对留种苗的管理 留作种用的皇竹草，应在收割2~3茬（7月份）就不再收割，但可继续割剥叶片，使皇竹草留有6~8片生长叶片即可。每亩追施钙镁磷肥50千克，这样种苗将有足够的时间进行营养物质的积累，当植株长到高180厘米以上时，可收割其下部叶片，但不应剥落包裹腋芽的叶片和伤害上部嫩叶，要求留作种用的植株茎秆粗壮、无病虫害，茎秆老熟后，于打霜前砍下，打捆保存。

（6）病虫害防治 皇竹草抗病力较强，很少发生病虫害。偶尔发生的病害有炭疽病和白粉病，虫害有地老虎、蚜虫和钻心虫。炭疽病在冷凉多雨天气发生，温暖湿润天气扩大危害，其主要危害幼苗叶和茎秆，表现为椭圆形灰褐色斑块，上面有黑色或粉红色胶质小颗粒，似眼形斑点不规则排列，根颈、茎基部发病，严重时整株或部分分蘖生长发育不良，变黄枯死。防治方法：加强田间管理，保持环境空气流通，降低环境湿度，苗期浇水宜深透不宜过勤。避免傍晚浇水。发病后，可用5％多菌灵或1∶1∶100波尔多液喷洒，隔7~10天1次，连喷洒2次，亦可用50％多菌灵可湿性粉剂1000~1500倍液喷施，防治白粉病。地老虎的主要危害是咬断幼苗和肉质根茎、分蘖根，造成植株死亡或生长不良。发生时，可利用黑光灯、糖醋液诱杀成虫或幼虫，或用50％辛硫磷1000倍液或80％敌百虫800~1000倍液喷洒，防治地老虎。蚜虫和钻心虫主要危害植株的叶和茎，可用40％乐果1000~1500倍液或用25％敌杀死乳油2000~3000倍液防治。注意：植株喷施农药15天内，严禁收割饲养畜禽。

（7）越冬管护　皇竹草宿根性强，可连续生长 6～7 年，在冬季应防冻保蔸，在南方广东、广西的一些地区，室温在 0℃以上的地区，在最后一茬收割时，留茬 10～15 厘米，可自然越冬；在桂北以北方向，霜冻期较长的地区，应培土保蔸或加盖干草或塑料薄膜越冬，同时要清除田间残叶杂草，减少病虫害越冬场所。

（8）青储　不可越冬的地方，在冬季来临之前可将皇竹草砍回，在地上挖一个坑，将皇竹草放进坑里，用塑料或是茅草加盖在上面，再加盖土，可以保存到翌年 5 月，用时挖开坑的一角随取随用。

二、黑麦草的栽培

黑麦草属禾本科，黑麦草属，为多年生草本植物（附图 1-4）。黑麦草有 10 多种，但最有经济价值的有多年生黑麦草和多花黑麦草。黑麦草生长快，再生能力强，产量高，草质好，是重要的禾本科牧草之一。黑麦草含粗蛋白 4.93%，粗脂肪 1.06%，无氮浸出物 4.57%，钙 0.075%，磷 0.07%。其中粗蛋白、粗脂肪比本地杂草含量高出 3 倍。

黑麦草须根发达，但入土不深，丛生，分蘖很多，种子千粒重 2 克左右，黑麦草喜温暖湿润的土壤，适宜土壤 pH 值为 6～7。该草在昼夜温度为 12～27℃时再生能力强，光照强、日照短、温度较低对分蘖有利，遮阳对黑麦草生长不利。黑麦草耐湿，但在排水不良或地下水位过高时不利于黑麦草生长。

（一）播种时间

根据黑麦草喜温暖湿润的生物学特性，根据高产和淡季补青的要求，要达到当年冬季收割利用，一般宜在8月下旬至9月下旬播种为好（日平均温度降至20～25℃的湿润天气播种为好），以便充分利用初秋的有利天气，以提高黑麦草的产量。若在11月中旬开始播，由于播后气温下降，出苗迟，分蘖发生迟而少，鲜草收割次数减少，产量降低。但若是收种用，则11月中旬播种为好。

（二）整地

由于黑麦草的种子较小，播种的畦表要平整无土块。旱地选用中等肥力的花生地为好。整地前每亩下农家肥或沼气渣1000～1500千克，随后深耕细耙，整平整碎，不见土块，水田可选用中等肥力以上的一晚或二晚冬闲田套播黑麦草，同时开好围沟、腰沟、畦沟，2米作一畦，这样有利于排灌，有利于田间管理。

（三）种子处理

播种前用50～60℃温水浸种2～4小时，或用常温水湿种18～24小时，把种子捞起晾干后，亩用25千克钙镁磷肥拌种，拌后即播。通过种子处理可提前出苗2～3天，提高发芽率10%左右。但是，如遇严重干旱，就不要用温水浸种，因出苗过快，遇上高温干旱，会造成幼苗干枯死亡。

（四）播种方法

旱地以宽幅条播为好，播幅10厘米，行距30～35厘米，播种量每亩 1.5～2 千克，每亩用草木灰 50 千克或钙镁磷肥 25 千克拌种条播，再盖土耙平即可。稻田套播，在二晚抽穗期直接撒播。亩用种 3 千克，拌黄土 2 千克、磷肥 25 千克进行撒播，撒播时稻田水深 1～3 厘米为好，一般 9 月中、下旬撒播。水稻、牧草共生期 20～25 天。

（五）及时追肥

出苗 7 天后，苗将胚乳营养耗尽，这时亩追尿素 3 千克，晴天兑水泼施，阴雨天直接撒在苗行间。缺苗地段要及时补种。

（六）重施分蘖肥

当苗长至 3～4 片叶后（一般出苗后 20～25 天）就开始分蘖，主茎与分蘖生长需大量养分，每亩施尿素 5～10 千克，隔 15～20 天再亩施尿素 5～8 千克。

（七）及时灌水抗旱

9～11 月降雨相对减少，温度、光照能满足牧草的生长需要，而干旱造成田间相对湿度低于 50％以下，引起牧草卷曲枯萎，干旱是影响牧草生长的主要矛盾。每当连续 15～20 天干旱无雨，部分牧草出现卷曲，这时就应马上灌一次跑马水，有条件的地方要喷灌一次。使土壤始终保持湿润但又不见积水，这样牧草才能健康快速生长。

（八）科学收割及管理

（1）**收割高度** 给黑豚投喂的青料嫩，将提高黑豚的生长速度，因此，投喂黑豚的黑麦草应在苗高 40～60 厘米收割为好。

（2）留茬高度　原则上收割时要使每棵苗保留1～2个叶腋芽，初次收割留茬高度3～4厘米，以后收割每次提高留茬高度1～2厘米。收割时间：晴天傍晚收割为好，阴雨天不定时，这样可防止水分过多蒸发，有利于伤口愈合及恢复快、再生快。另外，在严寒结冰时不要收割以免受冻伤苗。

（3）收割量　按养殖的黑豚需要量，当天吃多少，就割多少，不要一天割几天的草，以免不新鲜，损失营养或腐烂浪费鲜草。

（4）管理及病虫害防治　黑麦草在苗期应及时除草。若是分蘖盛期以后，生长繁茂，覆盖度较好，已有较强抑制杂草的能力，因此不必再进行除草。虽然黑麦草的抗病能力较强，但在苗期要注意地老虎幼虫和蝼蛄为害，如有发现，可用90%晶体敌百虫等化学药剂防治。后期如有赤霉病和冠锈病发生，可喷洒灭菌丹、石硫合剂等杀菌剂防治。每次收割后，要立即每亩追施尿素8～10千克。如遇严重干旱要及时施跑马水，如遇阴雨连绵要及时清沟排水。

三、紫花苜蓿

紫花苜蓿又称为苜蓿，豆科，苜蓿属，多年生草本植物（附图1-5）。紫花苜蓿产量高，质量好，是具有最高营养价值的一种牧草，含有5种维生素，如B族维生素、维生素C、维生素E等，10种矿物质及类黄酮素、类胡萝卜素等特有的营养素，有"牧草之王"的美称。

附图1-4 黑麦草

附图1-5 紫花苜蓿

（一）特性

紫花苜蓿抗逆性强，适应范围广，能在多种类型的气候、土壤环境下生长。性喜干燥、温暖、多晴天、少雨天

的气候和高燥、疏松、排水良好、富含钙质的土壤。年平均气温 4℃ 以上的地区都是紫花苜蓿宜植区。最适气温 25～30℃。年降雨量在 400 毫米以内，需有灌溉条件才生长旺盛。夏季多雨湿热天气最为不利。紫花苜蓿蒸腾系数高，生长需水量多。每构成 1 克干物质约需水 800 克，但又最忌积水，若连续淹水 1～2 天即大量死亡。紫花苜蓿适应在中性至微碱性土壤上种植，不适应强酸、强碱性土壤，最适土壤 pH 值为 7～8，土壤含可溶性盐在 0.3％ 以下就能生长。

（二）整地与施肥

紫花苜蓿种子细小，幼芽细弱，破土力差，苗期生长缓慢，因此播种前整地必须精细，要求地面平整，土块细碎，无杂草。紫花苜蓿根系发达，入土深，对播种地要深翻，才能使根部充分发育。紫花苜蓿生长年限长，年收割利用次数多，从土壤中吸收的养分亦多。据报道，紫花苜蓿每亩每年吸收的养分，氮 13.3 千克，磷 4.3 千克，钾 16.7 千克。氮和磷比小麦多 1～2 倍，钾比小麦多 3 倍。用作播种紫花苜蓿的土地，要于上年前作收获后，即进行浅耕灭茬，再深翻，冬春季节作好耙糖、镇压蓄水保墒工作。水浇地要灌足冬水，播种前，再行浅耕或耙耱整地，结合深翻或播种前浅耕，每亩施有机肥 1500～2500 千克、过磷酸钙 20～30 千克为底肥。对土壤肥力低下的，播种时再施入硝酸铵等速效氮肥，促进幼苗生长。每次收割后要进行追肥，每亩需过磷酸钙 10～20 千克或磷酸二铵 4～6 千克。

（三）播种

（1）种子　紫花苜蓿播种前应精选新鲜、饱满、光亮、发芽率高的纯净种子。播种前要晒种2～3天，以打破休眠，提高发芽率和幼苗整齐度。种子田要播种国家或省级牧草种子标准规定的Ⅰ级种子；用草地播种Ⅰ、Ⅱ、Ⅲ级种子均可。

（2）接种　在从未种过苜蓿的土地播种时，要接种苜蓿根瘤菌，每千克种子用5克菌剂，制成菌液洒在种子上，充分搅拌，随拌随播。无菌剂时，用老苜蓿地土壤与种子混合，比例最少为1∶1。

（3）播种量　种子田每公顷（1公顷＝15亩）3.75～7.5千克，用草地每公顷11.25～15千克，干旱地、山坡地或高寒地区，播种量提高20％～50％。

（4）播种期　各地气候不同，可分为三种情况。①春播：春季土地解冻后，与春播作物同时播种，春播苜蓿当年发育好产量高，种子田宜春播。②夏播：干旱地区春季干旱，土壤墒情差时，可在夏季雨后抢墒播种。③秋播：在我国北方地区，秋播不能迟于8月中旬，否则会降低幼苗越冬率。

（5）播种深度　视土壤墒情和质地而定，土干宜深，土湿则浅，壤土宜深，重黏土则浅，一般1～2.5厘米。

（6）播种方法　紫花苜蓿常用播种方法有条播、撒播和穴播三种；播种方式有单播、混播和保护播种（覆盖播种）三种。可根据具体情况选用。种子田要单播、穴播或宽行条播，行距50厘米，穴距50厘米×50厘米或50厘米×60厘米，每穴留苗1～2株。收草地可条播也可撒播，可单播也可混播或保护播种。条播行距15～30厘米。撒播时要先浅耕后撒种，再耙糖。混播的可撒播也可条播，可同行条播，也可间行条播、保护播种的，要先条播或撒播保护作物，后撒播苜蓿种子，再耙糖。灌区和水肥条件好的地区可采用保护播种，保护作物有麦类、油菜或割制青干草的燕麦、草高粱、草谷子等，但要尽可能早地收获保护作物。在干旱地区进行保护播种时，不仅当年苜蓿产量不高，甚至影响到第二年的收获量，最好实行春季单播。混播，紫花苜蓿生长快，分蘖多，枝叶盛，产量高，再生性强，收割次数多，混播中其他牧草难以配合，故以单播为宜。但若要提高牧草营养价值、适口性和越冬率，也可采用混播。适宜混播的牧草有鸡脚草、猫尾草、多年生黑麦草、鹅冠草、无芒雀麦等。混播比例，苜蓿占40％～50％为宜。

（四）管理

（1）播种后，出苗前，如遇雨土壤板结，要及时除板结层，以利出苗。

（2）苗期生长十分缓慢，易受杂草危害，要中耕除草1～2次。

（3）播种当年，在生长季结束前，收割利用一次，植株高度达不到利用程度时，要留苗过冬，冬季严禁放牧。

（4）二龄以上的苜蓿地，每年春季萌生前，清理田间留茬，并进行耕地保摘，秋季最后一次收割和收种后，要松土追肥。每次收割后也要耙地追肥，灌区结合灌水追肥，入冬时要灌足冬水。

（5）紫花苜蓿收割留茬高度3～5厘米，但干旱和寒冷地区秋季最后一次收割留茬高度应为7～8厘米，以保持根部养分和利于冬季积雪，对越冬和春季萌生有良好的作用。

（6）秋季最后一次收割应在生长季结束前20～30天结束，过迟不利于植株根部和根茎部营养物质积累。

（7）种子田在开花期要借助人工授粉或利用蜜蜂授粉，以提高结实率。

（8）紫花苜蓿病虫害较多，常见病虫害有霜霉病、锈病、白粉病、细菌病、菌核病、褐斑病等，可用波尔多液、石硫合剂、托布津等防治。虫害有蚜虫、浮尘子、盲蝽象、金龟子等。可用乐果、敌百虫等药防治。但一经发现病虫害露头，即行收割喂畜为宜。

附录二 EM菌液在黑豚养殖中的应用

用EM菌液拌料或是添入饮水中喂黑豚，不但可以增强黑豚免疫力、抗病力，还可以提高饲料转换率，调节黑豚肠胃功能，提高营养的吸收和豚肉的品质。另外，还可以去除豚舍里的氨气，保持豚舍良好的空气环境，提高黑豚的生长环境。

（1）在黑豚池里或是立体式栏底直接喷洒EM菌液，冬天在池里垫上木糠或是稻壳，粪便不要清扫太干净，这样既起到了保温作用，而且几乎没有氨气。

（2）用EM菌液按1（原液）：100（水）的比例加入黑豚的饮水中供其饮用；或是按0.5（原液）：100（饲料）的比例均匀搅拌后投喂；或是将稀释后的EM菌液喷洒在干草料上。

参 考 文 献

[1] 潘晓华. 食用黑豚养殖与加工利用［M］. 北京：金盾出版社，2002.

[2] 郭万柱. 实验动物养殖与利用. 成都：四川科学技术出版社，1999.

[3] 王芳. 常用饲料原料与质量简易鉴别. 北京：金盾出版社，2008.

[4] 季军策. 中国黑豚人工饲养管理技术［J］. 畜牧与兽医，2002，34（8）：15.

[5] 刘玲. 黑豚人工养殖技术. 农村实用技术，2006．1.

[6] 张晓佩，李文杨，董晓宁. 豚鼠的健康养殖技术. 中国畜禽种业，2010，10.

[7] 刘恩崎，赵耀辉，尚荣军等. 豚鼠肉营养成分分析. 实验动物科学与管理，
     1997，14.

[8] 刘源，刘勇波，王芳芳. 繁育豚鼠强化营养颗粒饲料的研制. 北京实验动物科学
     与管理，1994，11.

[9] 李贵才，刘秀霞，徐德锌. 不同饲料饲喂豚鼠效果的观察. 实验动物科学与管
     理，2005，3：22.

[10] 杜建华，常宝，孙全文. 不同蛋白质水平饲料对豚鼠增重的影响. 河北北方学
     院学报：医学版，2005，8.

[11] 吕建敏，陈民利，徐孝平. 豚鼠维生素营养研究进展. 科学实验与研究，
     2005，7.

[12] 陈欣如，燕顺生，徐艺玫. 维生素 C 对豚鼠生长发育影响的初步研究. 地方病
     通报，2001，2.

[13] 刘伯，乔海云，马辉. 中华黑豚链球菌病的诊治. 畜牧与兽医，2006，8.

黑豚高效养殖技术一本通